BIBLIOTHEQUE DES MERVEILLES

# LES PLAGES
# DE LA FRANCE

PAR

ARMAND LANDRIN

OUVRAGE ILLUSTRÉ DE 108 VIGNETTES

PAR A. MESNEL

PARIS
LIBRAIRIE HACHETTE ET C$^{ie}$
79, BOULEVARD SAINT-GERMAIN, 79

# BIBLIOTHÈQUE
# DES MERVEILLES

PUBLIÉE SOUS LA DIRECTION

DE M. ÉDOUARD CHARTON

## LES PLAGES DE LA FRANCE

PARIS — TYPOGRAPHIE A. LAHURE, RUE DE FLEURUS, 9.

BIBLIOTHÈQUE DES MERVEILLES

# LES PLAGES
# DE LA FRANCE

PAR

ARMAND LANDRIN

**QUATRIÈME ÉDITION**

REFONDUE ET AUGMENTÉE

OUVRAGE ILLUSTRÉ DE 107 VIGNETTES
PAR A. MESNEL

PARIS
LIBRAIRIE HACHETTE ET C<sup>ie</sup>
79, BOULEVARD SAINT-GERMAIN, 79

1879

Droits de propriété et de traduction réservés

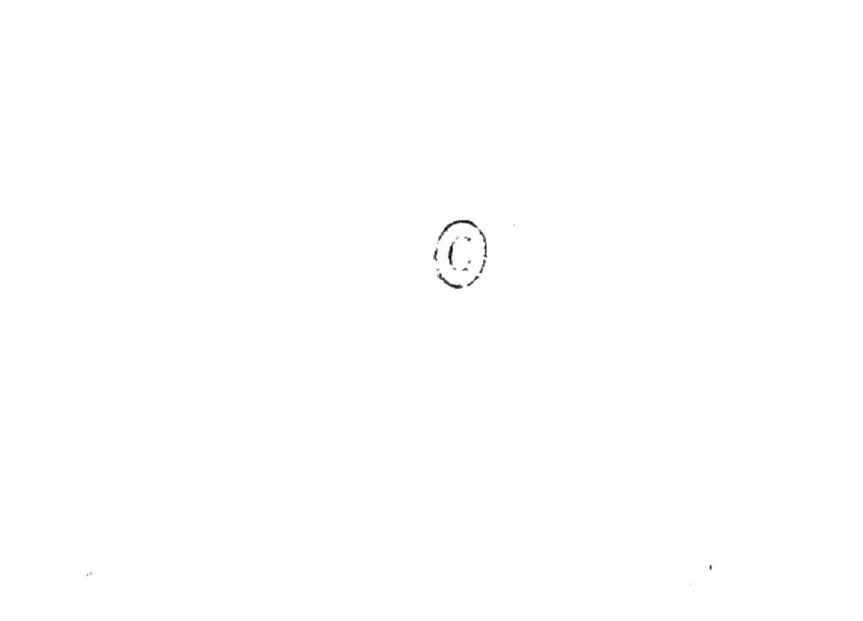

# CHAPITRE PREMIER

**LA MER**

# I

## LA MER

On contemple la mer plutôt qu'on ne l'admire. Admirer, c'est contempler avec réflexion. Mais qu'il est difficile de réfléchir devant la mer! La grandeur du spectacle absorbe, étourdit. On suit machinalement des yeux la vague qui s'élance vers le rivage où erre sur la surface mobile et diaprée de mille teintes, sans se rendre compte de ce qu'on voit. On passe des heures à regarder la mer sans penser à rien; sa vue seule enivret et cette ivresse est une jouissance.

Chaque saison, chaque jour, chaque seconde, apporte un changement nouveau dans l'aspect de l'immense plaine liquide. Tantôt elle est calme. Des vagues se succèdent avec un roulement cadencé. Une lame se brise à vos pieds en lançant un son plaintif, puis continue de s'épancher tout le long de la côte. L'oreille suit le bruit tant qu'il dure et écoute l'eau qui se retire en froissant légèrement les cailloux et le sable pour aller se perdre dans une lame nouvelle. C'est une musique, une harmonie que rien ne saurait imiter. Au loin, la mer semble unie, à peine ridée, reflète le ciel et les nuages. Les bas-fonds couverts d'algues sombres donnent à l'eau qui les recouvre une teinte plus foncée, et çà et là une couleur jaunâtre révèle la présence des bancs de sable.

Mais parfois, une heure après elle est furieuse. Dans tout l'espace que l'œil peut embrasser, la crête des vagues brisées les unes contre les autres est blanche d'écume. Les lames se hâtent à l'envi de se précipiter, elles accourent sans relâche, hautes comme des maisons, séparées par de profonds abîmes; ainsi qu'un cheval fougueux que contient un cavalier habile, elles semblent se tordre et se cabrer; elles se redressent, se jettent en arrière, se recourbent, fouettent l'air, puis enfin s'abattent avec une horrible clameur, jetant pêle-mêle sur le sable des blocs arrachés aux roches voisines et des flocons d'écume que le vent fait voltiger.

### LES NUAGES ET LES COURANTS

La chaleur du soleil fait évaporer la surface de la mer. De ces vapeurs naissent les nuages :

La mer, dont le soleil attire les vapeurs,
Par ces eaux qu'elle perd voit une mer nouvelle
Se former, s'élever et s'étendre sur elle.
De nuages légers cet amas précieux,
Que dispersent au loin les vents officieux,
Tantôt, féconde pluie, arrose nos campagnes,
Tantôt retombe en neige et blanchit nos montagnes.
Sur ces rocs sourcilleux, de frimas couronnés,
Réservoirs des trésors qui nous sont destinés,
Les flots de l'Océan, apportés goutte à goutte,
Réunissent leur force et s'ouvrent une route.
Jusqu'au fond de leur sein, lentement répandus,
Dans leurs veines errants, à leur pied descendus,
On les en voit enfin sortir à pas timides,
D'abord faibles ruisseaux, bientôt fleuves rapides.
. . . . . . . . . . . . . . . . . . . . . . . . . . .
Mais enfin, terminant leurs courses vagabondes,
Leur antique séjour redemande leurs ondes :
Ils les rendent aux mers, le soleil les reprend :
Sur les monts, dans les champs, l'aquilon nous les rend.
(Louis Racine.)

L'évaporation est, naturellement, d'autant plus considérable que la température est plus élevée ; aux pôles, où le froid est intense, l'eau vaporisée se condense, et l'eau se contracte. C'est l'inverse à l'équateur.

Il en résulte d'immenses courants.

L'un vient de l'océan Atlantique, longe les côtes australes de l'Afrique, gagne le Brésil, traverse le golfe du Mexique et se dirige vers le Spitzberg. Chemin faisant, le *Gulf-Stream* (c'est le nom de ce courant), rencontre la Bretagne; il se divise alors en deux branches, dont l'une passe par la mer d'Irlande après avoir baigné le département de la Manche et l'autre se détourne vers le golfe de Biscaye.

Depuis bien longtemps ce courant était connu, mais ce n'est que depuis peu d'années qu'un des plus illustres officiers de marine des États-Unis, M. Maury en a déterminé avec une précision rigoureuse les contours, la direction, la température, la profondeur.

« Il y a une rivière dans l'Océan, dit-il; pendant la plus grande sécheresse jamais elle ne tarit, et, lors des puissantes inondations, jamais elle ne déborde. Ses rives et son lit sont d'eau froide, tandis que son courant est d'eau chaude. Le golfe du Mexique est sa source, et son embouchure est dans les mers arctiques. Il n'existe pas dans le monde une autre masse d'eau courante aussi majestueuse. Le cours du *Gulf-Stream* est plus rapide que ceux du Mississipi et de l'Amazone, et son volume est de plus de mille fois supérieur aux leurs

« Ses eaux, aussi loin du golfe que des côtes de la Caroline, sont d'une couleur bleu indigo. Elles sont si distinctes que l'œil suit aisément leur ligne de jonction avec l'eau de mer commune.

« Telle est la répugnance, si l'on peut s'exprimer ainsi, qu'ont les eaux du *Gulf-Stream* à se mélanger avec les eaux de la mer, que souvent on peut voir la moitié d'un navire flotter dans l'eau bleue, pendant que l'autre moitié est baignée par l'eau commune. »

Plus loin, M. Maury ajoute : « La quantité de chaleur que le *Gulf-Stream* répand sur l'Atlantique, dans une seule journée d'hiver, suffirait pour élever toute la masse d'air atmosphérique qui couvre la France et la Grande-Bretagne, du point de congélation à la chaleur d'été. »

C'est à cette cause que les côtes de la Manche doivent leur climat exceptionnel. Nous avons vu la vigne et les figuiers croître en pleine terre et donner ces fruits exquis à Cherbourg, tandis que ces plantes gèlent tous les ans à quelques lieues plus avant vers le sud.

### LES VAGUES — LES MASCARETS

En pleine mer, la plus grande hauteur des vagues est de 9 mètres, mais lorsqu'elles rencontrent un obstacle, une digue, par exemple, elles l'escaladent et peuvent monter jusqu'à 50 mètres.

La hauteur des vagues n'est du reste pas la même dans toutes les mers : elle est d'autant plus considérable que la profondeur est plus grande, la surface d'eau plus vaste, l'eau moins salée et par conséquent moins lourde. Aussi les vagues de l'Océan sont-elles beaucoup plus hautes que celles de la Méditerranée.

Les vagues ont l'air de courir ; c'est une erreur. Élisée Reclus a fort bien comparé cette apparence à celle des plis d'une étoffe soulevée par un courant d'air : l'ondulation se propage de proche en proche sans que les divers points soulevés progressent réellement. De même les molécules d'eau ne se déplacent guère qu'en hauteur, ce qu'il est facile de constater en regardant un objet qui flotte ; soulevé par le flot, il se retrouve à la même place après le passage de la lame sans être nullement entraîné vers la terre, comme cela serait si la vague était un courant avançant.

L'action des vagues est assez superficielle. A une petite profondeur, elle devient presque insensible. Elle est assez forte encore, cependant, pour que, lorsque ces milliers de vagues ont été successivement arrêtées, heurtées, contrariées par un obstacle, comme un écueil ou une pente abrupte des fonds, il se produise un violent remous ou vague profonde. Cette vague tend à s'élancer en fusée, mais, arrêtée, déviée par les couches d'eau qui la couvrent, elle se dirige contre la plage en rasant le fond avec une vitesse et une force effrayantes. C'est ce qu'on nomme un *flot de fond*. Ce sont ces flots de fond qui rejettent sur les rivages les galets, les coquillages, les cadavres et les épaves.

En certaines localités, les vagues sont bien plus rapides et bien plus grandes qu'en d'autres ; par exemple à Saint-Jean-de-Luz. Un illustre naturaliste explique ce phénomène local par une comparaison des plus ingénieuses. Prenez un entonnoir renversé et plongez-le brusquement dans un vase d'eau, sans submerger l'ouverture : à chaque mouvement, le liquide s'élance en gerbe par le tube. Tenez ensuite l'entonnoir immobile et soulevez rapidement le vase, l'effet sera le même. Or, la côte de Biscaye, formée par la réunion presque à angle droit de la France et de l'Espagne, forme une sorte d'entonnoir gigantesque dans lequel l'eau de l'Océan s'engouffre, et les lames en mouvement montent évidemment beaucoup plus haut au fond de cet entonnoir, c'est-à-dire à Saint-Jean-de-Luz, que partout ailleurs.

A l'embouchure des grands fleuves s'élève, à époques fixes, un flot immense, qui déborde sur les rives, brise et renverse tout, refoulant l'eau douce et remontant à contre-courant pendant plusieurs lieues avec un grondement semblable au tonnerre; c'est la *barre* ou *mascaret*. Il a pour cause un flot de fond périodique, qui prend naissance lors des grandes marées, vis-à-vis l'embouchure. Les travaux et les articles de M. Babinet ont rendu célèbre le *mascaret* de la Seine, et, chaque année, de nombreux touristes vont à Caudebec ou à Barfleur jouir du majestueux spectacle qu'il présente.

Ces vagues, dont la force est si prodigieuse même lorsque la mer est calme, qui ballotent les plus gros bâtiments aussi aisément que de minces planchettes, et qui, par leurs coups de bélier sans cesse répétés, entament les falaises et détruisent les digues, ces vagues sont simplement un effet de l'action du vent, soit qu'il n'effleure que légèrement la mer, soit qu'il la frappe obliquement.

**COULEUR DE L'EAU DE LA MER — LA PHOSPHORESCENCE**

La lumière n'agit pas sur l'onde d'une manière moins merveilleuse que la chaleur et le vent. Les rayons du soleil, pénétrant au sein des vagues, les irisent de toutes les couleurs de l'arc-en-ciel, ou se brisant à la surface, les font étinceler comme des diamants.

Lorsqu'à l'horizon le soleil disparaît derrière les brumes du soir, il prend à nos yeux une teinte rouge comme le feu et la communique à tout ce qui l'entoure. L'air paraît embrasé ; la mer ressemble à un océan de métal fondu, sur lequel les barques en repos dessinent vivement les contours réguliers de leur noire silhouette. A chaque instant on voit la teinte passer du jaune d'or à l'orangé, de l'orangé au rouge sombre. A côté de la surface ardente, l'eau qui ne reflète pas le soleil couchant est bleue, verte, brune. Les bancs de sable et les courants d'eau douce que produisent les fleuves se révèlent par une teinte jaunâtre ; les récifs, les écueils se trahissent sous la vague par une couleur sombre et les dépôts de vase salissent et troublent l'eau.

La couleur de l'eau en masse est le plus ordinairement bleuâtre. Dans l'Océan et la Manche, elle est d'un beau vert; dans la Méditerranée, elle est bleu indigo. Le ciel est pour beaucoup dans ces diverses apparences, et, suivant qu'il est pur ou nuageux, la mer semble d'une couleur plus claire ou plus foncée.

Parfois, pendant la nuit, la mer brille d'un éclat nacré. Elle paraît devenir épaisse comme du lait. Les vagues dessinent dans l'ombre leurs contours blanchissants et chaque coup d'aviron du batelier fait voler des milliers d'étincelles bleuâtres. La lueur est si vive parfois que la plage entière est illuminée. C'est surtout aux endroits où la vague se brise, sur les récifs, contre les plages, qu'elle est étincelante. Il semblerait que l'eau s'est changée en vif-argent, si son éclat n'était plus velouté que celui du mercure.

On désigne ce phénomène sous le nom de *phosphorescence*. Les voyageurs parlent avec enthousiasme de l'aspect merveilleux, en pareille circonstance, des mers tropicales. Je le crois volontiers splendide, mais il m'est difficile de supposer, si admirable soit-il, qu'il puisse surpasser beaucoup celui de la Manche par une belle nuit d'août.

La phosphorescence n'est point due à la lumière des astres : son origine est toute marine.

On sait que la plupart des êtres aquatiques sont

phosphorescents. Certains ne le sont guère qu'après leur mort, d'autres le sont toujours, semblables aux vers luisants qui brillent la nuit dans nos campagnes. Les hordes immenses des harengs scintillent dans l'ombre, dit-on; et il en est de même de presque tous les infusoires et des méduses, singuliers animaux, transparents comme une masse de gélatine, et qui, presque invisibles le jour parce qu'ils se confondent avec l'eau, deviennent visibles la nuit par l'éclat qu'ils projettent.

C'est principalement à un tout petit rhizopode[1], la *noctiluque* (fig. 1, A), qu'on attribue la phosphorescence.

M. de Quatrefages a reconnu que la phosphorescence de ces rhizopodes n'est ni permanente, ni uniforme; elle ne se produit qu'en un seul point et est due à une succession d'étincelles microscopiques qui se suivent rapidement (fig. 1, B); l'effet est analogue à celui du tableau électrique.

Le même auteur a fait des expériences très-simples et qui méritent d'être répétées.

Ayant constaté que les noctiluques ne devenaient lumineuses qu'alors qu'elles étaient exci-

---

[1] Les *rhizopodes* sont des animaux microscopiques que les naturalistes placent à côté des infusoires, et qui semblent plus simples encore que ceux-ci, car ils n'ont même pas de cavité digestive.

tées soit par le mouvement comme dans la mer, soit par un acide, soit par la chaleur, il recueillit de l'eau chargée de ces animalcules, en écumant la surface de l'onde, et il en remplit deux tubes.

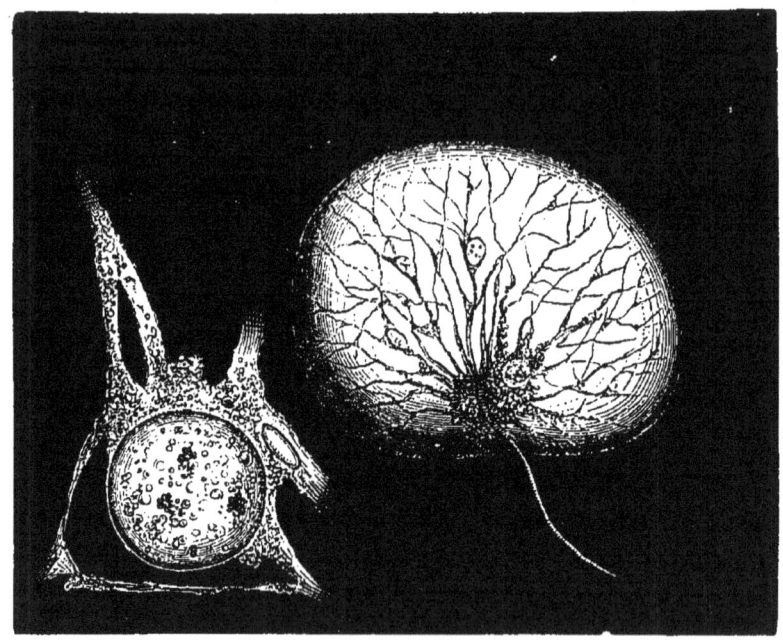

Fig. 1. — Noctiluque, rhizopode phosphorescent.
A, Noctiluque (grossie).
B, un point lumineux de la Noctiluque vu au microscope.

Au bout de quelques minutes de repos, les noctiluques emprisonnées cessèrent de briller. Grâce à leur poids spécifique à peu près égal à celui de l'eau, elles restaient immobiles, dispersées à toutes les hauteurs. Alors l'expérimentateur versa une goute d'acide sulfurique dans un des tubes. A mesure que l'acide descendait, il rencontrait les animalcules et les *allumait*, pour ainsi dire.

Il fit chauffer l'autre tube, et la chaleur montant peu à peu produisit ensuite l'effet inverse, l'illuminant successivement depuis le bas jusqu'au haut.

Réunies par milliards à la surface des flots, mêlées aux individus innombrables de la famille des infusoires microscopiques, balancées dans un élément que le phosphore dégagé par des cadavres de poissons et de mollusques rend déjà bleuâtre, elles ajoutent leur forte lumière à tous ces éléments et déterminent la teinte de l'Océan. Frottez du phosphore, assez pour le rendre lumineux, mais pas assez pour l'enflammer, vous aurez une idée de la couleur que revêt toute l'étendue que l'œil peut embrasser. Seulement ici le phosphore, au lieu de conserver toujours la même apparence, emprunte les reflets changeants des perles, passant tour à tour du bleuâtre au verdâtre, et du rougeâtre au blanc laiteux.

### LES MARÉES

Deux fois chaque jour, l'Océan envahit la grève, puis l'abandonne.

Ces mouvements successifs et en sens contraire de toute la masse liquide sont les *marées*.

C'est un spectacle imposant que celui de la mer en furie, grimpant comme à l'assaut sur les roches amoncelées, ou courant avec une vitesse menaçante sur les plaines de sable, puis, tout à coup, maîtrisée par une volonté toute puissante, s'arrêtant et reculant en grondant, ainsi que le dogue repoussé par le bâton du voyageur.

> .... Dieu dit à la mer : « Brise-toi sur la rive » ;
> Et dans son lit étroit la mer reste captive.

Les marées sont dues à la double action de la lune et du soleil, de la lune surtout, qui a pour résultat d'entraîner la masse liquide, tour à tour dans un sens et dans un autre, de telle sorte que toutes les grèves de la circonférence terrestre sont inondées les unes après les autres.

La mer se soulève pendant six heures et douze minutes, et s'affaisse durant un même espace de temps.

Quand la mer monte au rivage, c'est le *flux* ou la *marée haute;* c'est le *reflux* ou la *marée basse,* quand elle se retire et rentre dans son lit.

Chaque jour le flux se fait sentir environ *cin quante minutes plus tard* que la veille; ainsi, sachant une fois l'heure où la mer est pleine (*l'étal*), on peut, par une simple addition, en déduire l'heure du flux suivant, et celle de la pleine mer pour le lendemain.

Nous emprunterons la démonstration de ce phénomène à une conférence de M. Delaunay, le savant professeur de la Sorbonne si regretté :

« Les eaux de la mer tournées du côté de la lune, dit-il, se trouvant plus près de ce corps attirant que la masse du globe terrestre, sont soumises à une attraction plus forte ; les eaux placées du côté opposé, par une raison analogue, sont, au contraire, moins fortement attirées que la masse de la terre.

« Il en résulte que les eaux situées du côté de la lune sont portées vers elle par suite de cet excès d'attraction ; et que, du côté opposé de la terre, les eaux tendent à rester en arrière relativement à la masse du globe qui est plus fortement attirée qu'elles.

« Par suite de ces différentes attractions, les eaux de la mer viennent s'accumuler et forment une proéminence du côté de la lune; elles s'accumulent en même temps du côté opposé.

« Si la terre et la lune restaient toujours dans la même position, il est très-facile de voir que le fait qui vient d'être indiqué se produirait une fois pour toutes, et qu'ensuite rien ne changerait plus.

« Mais la terre tournant sur elle-même pendant qu'elle est en présence de la lune, cette intumescence liquide doit avoir lieu successivement en différents points de la surface de la terre.

« Lorsque un point des côtes vient à se trouver du côté de la lune, la surface de la mer tend à y monter ; ce point venant, par suite de la rotation de la terre se placer latéralement par rapport à la lune, la mer tend à y baisser ; lorsqu'il vient ensuite se placer du côté opposé à la lune, la mer tend de nouveau à y monter pour baisser bientôt, et ainsi de suite.

« On voit donc qu'à mesure que la terre tourne en un même point des côtes, en un même port, la surface de la mer tend à monter et à descendre alternativement, à monter et à descendre deux fois pendant que la terre fait un tour entier devant la lune.

« Or, c'est dans l'espace de près de vingt-cinq heures, ou plutôt de vingt-quatre heures trois quarts, que la surface de la mer monte et descend pour remonter ensuite et redescendre encore.

« Le soleil agit d'une manière analogue pour

soulever périodiquement les eaux de la mer; mais comme le soleil est beaucoup plus éloigné que la lune, la différence d'action sur les eaux tournées de son côté et sur la masse tout entière de la terre est beaucoup plus faible que quand il s'agit de la lune.

« Il en résulte que l'oscillation de la surface de la mer, due à l'action du soleil, est faible relativement à l'oscillation due à l'action de la lune.

« Cette oscillation due à l'action du soleil n'en existe pas moins; elle n'est pas insensible.

« Tantôt elle tend à augmenter l'effet produit par l'action de la lune, tantôt à le diminuer. C'est ce qui fait qu'en un même port, on a tantôt de grandes marées, tantôt de petites. »

Les marées sont plus grandes dans les nouvelles et les pleines lunes, parce qu'alors la lune et le soleil agissent ensemble; mais quand la lune en est à son premier ou dernier quartier, le soleil oppose sa force à celle de cet astre (placé latéralement par rapport à lui), et, par suite, la hauteur de l'étal est bien moindre.

Le vent joue son rôle aussi dans le phénomène grandiose que nous étudions. Il pousse les eaux contre le rivage ou vers la pleine mer. Comme le vent d'ouest est ordinairement très-fort à la fin de mars et de septembre, les marées des équinoxes sont réputées les plus fortes de toutes en Europe.

Dans les petites mers, les marées sont très-faibles, parce que le volume d'eau n'est pas suffisant pour que la lune puisse en rassembler sur un seul lieu une grande quantité. Elles s'y produisent cependant, et à Toulon, par exemple, elles sont sensibles. Mais ici les eaux n'avancent guère que de deux mètres sur la plage, tandis que dans l'Océan elles recouvrent des étendues immenses, parfois plusieurs kilomètres, comme à Boulogne, Saint-Valery-sur-Somme, Saint-Malo.

Enfin, le frottement des côtes ou du fond de la mer, la ténacité et l'adhérence des parties de l'eau étant autant d'obstacles qui arrêtent le flux, la mer ne cède pas de suite à l'attraction; elle arrive à son point le plus haut bien après le passage de la lune : sur les côtes de Gascogne, trois heures plus tard; à Saint-Pol-de-Léon (Bretagne), quatre heures; à Saint-Malo, six heures; au Havre, neuf heures; à Boulogne, onze heures; à Dunkerque, douze heures; ainsi, à Dunkerque, la mer n'est pleine que lorsque la lune est passée au-dessus de cette ville depuis douze heures.

**COMPOSITION CHIMIQUE DE LA MER — MARAIS SALANTS**

La composition chimique de la mer est assez complexe. Dans 100 grammes de son eau, il y a 96$^{gr}$,5 d'eau pure; 2$^{gr}$,7 de sel marin; et 0$^{gr}$,8 d'autres substances, entre autres : magnésie, potasse, chaux, iode, fer, soufre, ammoniaque, etc. On y trouve aussi en dissolution une mucosité particulière, matière organique qui provient de la décomposition d'innombrables générations d'êtres marins, végétaux et animaux, et que le comte de Marsilli nomme *glu* ou *onctuosité*.

Lorsqu'on fait évaporer, puis condenser l'eau de mer, on recueille de l'eau douce, et dans le fond du vase reste un dépôt de sel. C'est ainsi que les marins parviennent à se procurer de l'eau potable lorsque la provision qu'ils avaient à bord est épuisée.

La salure de la Méditerranée est plus forte que celle de l'Océan[1]. C'est que la Méditerranée perd à l'état de vapeur plus d'eau douce que les fleuves ne lui en apportent.

Peut-être à cette cause faut-il en ajouter une

---

[1] Un kilogramme d'eau de l'Océan contient 25$^{gr}$,10 de sel; le même poids d'eau de la Méditerranée en contient 27$^{gr}$,22.

autre. Sur les côtes de l'Océan, le vent enlève des masses de particules salines qu'il dépose sur les objets environnants, et c'est même ce qui empêche la végétation de prospérer sur ses bords. Il n'en est pas de même sur les rivages de la Méditerranée, qui, par conséquent, conserve une plus grande dose de sel.

On emploie deux procédés distincts pour extraire le *chlorure de sodium* (*sel marin*) des eaux de la mer.

Dans les contrées septentrionales on fait congeler l'eau, et les sels se déposent.

Sur les côtes de la France et du midi, on a recours à la vaporisation dans des *marais salants.*

On nomme ainsi de vastes bassins creusés dans le sol, revêtus d'argile, et qui communiquent avec la mer.

Qu'il nous soit permis de décrire ici quelque peu minutieusement les marais salants sur lesquels on trouve difficilement des détails. Nous prendrons pour type ceux du pays de Guérande (Loire-Inférieure), dont l'importance est considérable.

L'eau de la mer pénètre dans des canaux profonds, ou *étiers*, qui parcourent toute la contrée occupée par les marais. Des conduits en bois et des trappes disposées de droite et de gauche mettent ces étiers en communication avec de vastes bassins (*vasières*) qui sont creusés en commun par plusieurs propriétaires et confiés à un gardien spécial. Ce gardien, chargé d'entretenir la vasière et de la curer à fond tous les deux ans, est amplement défrayé de ses soins par le droit exclusif qu'il a de pêcher le poisson abondant réuni dans la vasière. Cette pêche même est parfois tellement fructueuse, que le gardien paye un droit d'affermage. Cela se conçoit, car les trappes sont disposées de telle sorte, que l'eau et les poissons amenés par la marée montante ne puissent plus sortir lors du reflux, et s'accumulent ainsi sans cesse dans la vasière, leur nombre augmentant à chaque marée.

Sur les vasières ont prise un ou plusieurs marais salants. Chacun d'eux communique par un ruisseau ou *tour* avec le réservoir, et se compose essentiellement de deux bassins. Le premier (*côbier*), assez profond, est coupé par quelques jetées de terre ; l'eau salée arrivant à une extrémité est forcée de tracer plusieurs méandres avant de sortir pour passer dans le second bassin ; celui-ci est divisé par de petites levées de terre glaise en une quantité de compartiments réguliers que l'eau doit tous parcourir successivement ; les premiers qu'elle traverse s'appellent *fares* ; les seconds, *adrénomètres* ; les derniers, *œillets*. Les levées qui séparent les œillets sont munies au milieu d'une petite plate-forme circulaire, la *ladure*.

L'eau de mer arrivant dans la vasière offre à peu près la même densité que dans l'Océan; mais en parcourant les interminables circuits des *tours*, du *côbier*, des *fares*, des *adrénomètres*, elle s'évapore presque totalement et se concentre; quand elle arrive dans les œillets, elle atteint 22 ou 24° du pèse-sels de Baumé. A ce moment, le sel cristallise et tombe au fond. Il suffit alors de racler le fond des œillets avec des râtissoires en bois pour attirer les cristaux de sel sur la *ladure* et en faire des tas qui sèchent au soleil,

La disposition du fond des divers bassins est telle, que l'écoulement se fait toujours avec une admirable régularité, et la vasière emmagasinant à marée haute de l'eau pour alimenter les marais pendant tout le temps que dure la marée basse, ce travail ne subit jamais d'interruption.

Dans les bonnes années, un œillet de 10 mètres sur 7 peut rapporter jusqu'à 10 doubles décalitres de sel tous les deux jours de juin à septembre. Le double décalitre vaut 30 centimes, et un marais comprend au maximum 50 œillets et rapporte 9 francs, par conséquent, tous les deux jours; mais de cette somme il faut défalquer les droits, diminués des 2/3 depuis quinze ans, mais encore bien considérables; le prix du loyer (ordinairement les deux tiers ou les trois quarts de la récolte) et enfin le payement des porteuses qui enlèvent le sel des *ladures* et vont en faire d'énormes amas de 10 à 30,000 doubles décalitres sur le bord moyennant 1 franc par œillet et par an, plus le sel très-fin qui surnage sous forme d'écume sur l'eau du marais. Ce sel fin, très-recherché, représente encore une petite somme. On calcule qu'une porteuse gagne par an environ 18 francs de portage et 60 ou 80 francs par la vente de ce sel. Quant au fermier de marais, le *paludier* ou *saulnier*, il ne gagne guère bon an mal an que 5 francs par œillet; 150 francs par marais.

A ces profits minimes il faut, du reste, ajouter la vente comme engrais de la vase fertile qui s'amasse au fond des œillets et qu'on enlève au printemps; mais tout cela ne donne que bien peu de chose.

Finissons par un détail curieux. Lorsqu'on laisse les grains de sel séjourner longtemps au fond des œillets, ils deviennent plus gros, plus légers et plus blancs que si on les en retire de suite. Aussi les paludiers, lorsqu'ils doivent vendre leur sel dans la Bretagne, où on l'achète au poids, le râtissent-ils tous les jours; tandis que s'ils comptent l'exporter dans la Vendée, pour le vendre au litre, ils restent cinq ou six jours sans le recueillir, de façon à en donner un peu moins pour le même prix.

Lorsqu'on veut achever de blanchir le sel, on le fait fondre et cristalliser une seconde fois. Il arrive ensuite sur nos tables sous le nom de sel blanc

### ACTION MÉDICATRICE DE L'EAU DE MER — LES BAINS

Par suite de sa composition chimique, l'eau salée est un puissant agent hydrothérapique; mais son action est doublée lorsqu'on prend les bains dans la mer même, parce qu'alors la vague, faisant douche, frappe le corps, le masse et contribue à lui rendre sa vitalité affaiblie.

La température varie entre 15 et 20 degrés au large; sur les côtes elle peut aller de 10 à 24 degrés; le minimum de température se fixe le matin avant 11 heures, le maximum de midi à 5 heures.

En somme, cette température de l'eau est toujours, en été, de 6 à 10 degrés au-dessous de celle de l'air ambiant.

L'impression première, et entrant dans la mer, est une sensation de froid, d'autant plus vive et plus persistante qu'on arrive plus lentement à être entièrement mouillé. Bientôt se fait la réaction, et on éprouve un sentiment de bien-être et de chaleur, surtout si on se livre à un exercice un peu violent, à la nage, aux jeux, etc.

Quelques minutes après, plus ou moins, selon la susceptibilité individuelle et l'habitude, le visage devient pâle, vert parfois; le froid s'empare de vous, on grelotte, on a la chair de poule, et cette fois la réaction ne se ferait plus : il ne faut pas attendre ces symptômes; et, s'ils vous surprennent, il est prudent de sortir aussitôt du bain.

Les médecins spéciaux s'accordent pour recommander aux baigneurs de ne rester dans l'eau que peu d'instants, et lorsqu'ils sont rhabillés, de se mettre aussitôt à courir ou à marcher rapidement pour se réchauffer.

Nous croyons utile de donner ici quelques renseignements médicaux sur l'action des bains de mer, empruntés à un savant docteur praticien de Marseille :

« *Effets des bains de mer.* — Ils se divisent en effets primitifs et en effets consécutifs. Les premiers consistent en un sentiment de froid, qui selon la constitution plus ou moins robuste du baigneur, se dissipe plus ou moins vite, et qui pour certains peut aller jusqu'à une suffocation suivie de vertiges. En tous cas, la natation diminue cet effet et le fait disparaître.

Les effets secondaires consistent en une lassitude de corps et de pensée qui devient une espèce d'engourdissement : il survient une éruption de la diarrhée, et, chez les gens nerveux, une irritabilité très-grande de tout le système. Enfin, l'effet le plus constant consiste dans une réaction salutaire qui augmente la vitalité.

« *Précautions à prendre.* — I. Avant et pendant le bain. — L'étranger ne doit pas prendre de bains aussitôt après son arrivée : il est nécessaire que son organisme s'acclimate pour ainsi dire. Le meilleur moment pour prendre le bain est de 10 heures à 5 heures. On évitera de se baigner le soir, après le coucher du soleil, et plus encore au sortir du lit; car la réaction ne se fait que difficilement à ce moment-là, vu la fraîchaur de l'atmosphère. Il n'est pas sans inconvénient de se baigner aussitôt après le repas. Les bains trop froids seront interdits aux jeunes enfants, dont l'impressionnabilité est plus grande. On doit entrer dans l'eau d'un seul coup, et non par degrés. Il faut éviter de sortir de l'eau et d'y rentrer à diverses reprises sous peine de s'affaiblir beaucoup et de contrarier la réaction. La durée du bain varie avec l'âge et ne doit pas excéder trois quarts d'heure.

« II. Après le bain. — Ne vous essuyez pas fond avec des linges chauds, faites une promenade à pied ou de la gymnastique, buvez une petite quantité de vin généreux ou une infusion chaude. Si l'on doit prendre deux bains par jour, il est nécessaire de s'habituer d'abord à n'en prendre qu'un seul pendant les premiers jours.

« *Indications et contre-indications.* — Les bains de mer ne s'adressant pas à un organe en particulier et agissant sur toute la constitution, sur laquelle ils ont une action stimulante, on se trouvera bien de leur emploi dans les maladies des enfants lymphatiques et scrofuleux, et généralement dans toutes les affections dues à un manque de vitalité.

« Il va sans dire que si on les emploie dans un but simplement hygiénique, on ne s'en trouve pas plus mal ; ils ne sont nuisibles que dans certains cas de maladie de cœur, d'irritabilité nerveuse et d'exagération de tempérament sanguin. »

L'influence médicatrice de l'eau est augmentée de celle de l'atmosphère marine, toujours chargée de *poussière d'eau salée*, de gaz développé par les algues et les goëmons, dont l'odeur balsamique pénètre et revivifie à vue d'œil. De plus, la proximité d'une grande étendue d'eau souvent agitée enlève à l'air une grande quantité d'acide carbonique qui, comme on le sait, est impropre à la respiration. Les *bains d'air* ont une importance extrême, et l'habitude de laisser jouer les enfants au bord des vagues contribue au moins autant que l'immersion à les fortifier.

# CHAPITRE III

## NAQOSS COOTTESS

II

**CONFIGURATION DES COTES — PROFONDEUR DE LA MER**

Lorsqu'on suit les rivages de la mer de Dunkerque à l'embouchure de la Somme, on ne voit que des plages sablonneuses, des monticules de sable ou *dunes*, des contours largement dessinés.

A peine, entre Calais et Boulogne, côtoie-t-on un terrain un peu escarpé et rocheux.

De temps en temps on rencontre des villages à moitié ensablés, et, en approchant de Saint-Valery, on voyait, autrefois, surgir à la crête des dunes les débris de chaumes d'un village enseveli. Aujourd'hui, des galets ont remplacé le sable, et cet ancien hameau, Cayeux, tend à devenir une ville de bains. C'est probablement lorsqu'il se crée de nouveaux courants sous-marins que les apports de la mer changent ainsi brusquement de

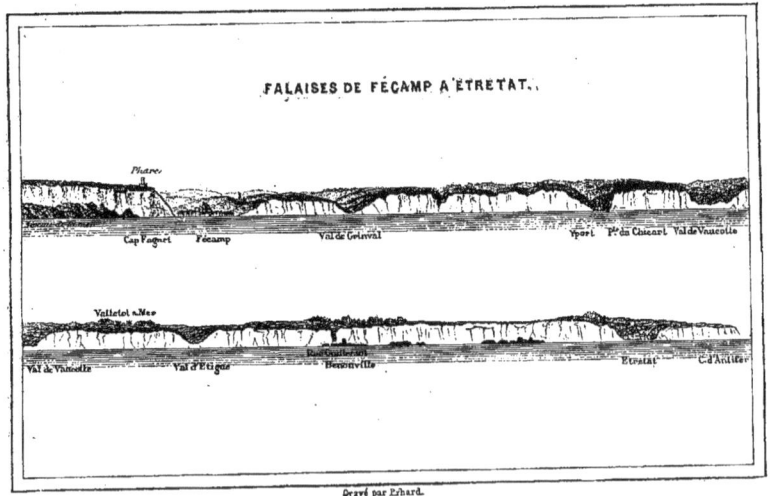

Fig. 2. — Falaises entre le cap Faguet et le cap d'Antifer.

nature. Ce phénomène est du reste assez fréquent. A Trouville, la municipalité a dû faire enlever plus d'une fois les pierres qui jonchaient la plage.

A partir du Tréport, le sol devient différent : de hautes falaises coupées à pic baignent leur pied dans les flots de la mer, qui viennent à chaque marée les battre et les ronger. De loin en loin elles sont échancrées plus ou moins largement pour laisser passer quelque cours d'eau, et dans toutes ces vallées se groupent des villes ou des villages.

Ici c'est Dieppe ; plus loin, Saint-Valery-en-Caux, puis Fécamp, puis Étretat, puis le Havre à l'embouchure de la Seine. Partout la plage est couverte de galets, silex arrondis, usés, polis par le frottement que les flots leur font subir sans cesse. Aucun golfe profond ne vient rompre la régularité des contours.

Lorsqu'on a franchi la Seine, on retrouve de grands escarpements qui font place à de petites dunes à partir de Trouville.

Au pied des falaises s'étend, depuis Trouville, un lit de sable doux et fin, tacheté de loin en loin par des bancs de rochers, noirs de moules, ou tapissés de varechs. Les plages qui succèdent sont à chaque instant dominées par des falaises : d'abord la petite pointe de Bretonville, puis les escarpements auxquels leur couleur sombre a fait donner le nom de *Vaches-Noires*, et qui séparent Villers de Beuzeval. Ensuite le sable règne seul jusqu'à Lion-sur-Mer, où apparaissent de petites côtes basses, lézardées, percées de mille cavernes.

En mer, on peut apercevoir, lors du reflux, pendant les grandes marées, une ligne de nombreux écueils : ce sont les rochers du Calvados. Il est intéressant de voir, dans les tempêtes, les vagues se briser sur ces blocs immobiles : trop souvent des navires sont venus pendant la brume se heurter contre leurs arêtes tranchantes et s'abîmer. On sait que c'est à un navire de la grande Armada, le *Salvador*, qui se perdit sur ces rocs en 1588, qu'ils doivent leur nom : par corruption, de *Salvador*, on fit *Calvador*, puis *Calvados*.

La hauteur des falaises augmente rapidement et devient très-considérable lorsqu'on a dépassé le bourg de Saint-Cosme, un peu en avant d'Arromanches. On peut citer, parmi les plus belles, celles de Port-en-Bessin.

Le littoral du département de la Manche est beaucoup plus varié que celui du Calvados. Les falaises déchiquetées, les îles, les sables s'y succèdent.

Jetons en passant un regard de regret sur Guernesey et Jersey, ces charmantes îles normandes qu'il est permis, hélas! d'envier aux Anglais; saluons les jolis petits archipels de Miquiers, de

Chaussey, et, après avoir franchi la baie sablonneuse de Cancale, mettons le pied sur le territoire breton.

En bien des points, ces côtes pittoresques sont littéralement hérissées de rochers, de petites baies, de promontoires, d'îles, de presqu'îles. Au delà de Brest, elles deviennent de plus en plus sinueuses, tourmentées de mille façons. Il n'est pas une seule falaise normande qui puisse, pour la hauteur, être comparée à celles de cette partie de la Bretagne.

Voici la presqu'île sablonneuse de Quiberon, la saillie la plus remarquable que fassent vers la mer les côtes françaises; puis la baie du Morbihan, bras de mer vaste, mais peu profond, parsemé d'îles basses et de bancs de sable aussi nombreux, si on en croit le dicton, que les jours de l'année; et là, en mer, voici Belle-Ile, la célèbre propriété de Fouquet.

La côte méridionale de l'étroite presqu'île de Rhuis ne ressemble guère à la côte septentrionale : celle-ci était basse, marécageuse, couverte de marais salants ; celle-là est escarpée, rocheuse. Au pied de ce couvent de Saint-Gildas, dont Abailard fut quelque temps supérieur, on peut visiter, à marée basse, de belles grottes creusées par les eaux.

Un peu plus loin, à Guérande, la falaise meurt

brusquement; la terre ferme devient de niveau avec l'Océan : c'est le pays de Batz, le pays des marais salants, qui paraît comme une large vallée entre les collines de Guérande et celle de Bourg-de-Batz. Cette dernière formait jadis une île ; mais les apports continuels de la Loire ont fini par combler le chenal, et les marais salants actuels sont creusés dans le terrain d'alluvion qui l'a ainsi remplacé.

Avant d'arriver à la Loire, encore quelques côtes granitiques déchirées pittoresquement en avant de Pouliguen. Ensuite des sables, et enfin le fleuve.

De l'embouchure de la Loire jusqu'à Biarritz, la côte est plate, et l'on n'y rencontre plus qu'une succession de plages et de dunes. A peine la monotonie du littoral est-elle interrompue par de courts escarpements vis-à-vis des îles de Ré et d'Oléron, et à Royan.

Aux environs de Royan, sur la rive droite de la Gironde, on peut observer un phénomène maritime assez curieux. C'est ce qu'on appelle les puits de maréyage. Dans les champs du littoral il y a des puits d'eau douce dont l'eau s'écoule lentement vers la mer par les fissures de la falaise calcaire. Lorsque la marée monte, la compression de l'eau sur cette falaise est telle, que l'eau douce ne peut plus s'écouler, et s'accumule dans les puits, dont le niveau monte et descend par conséquent avec le flux et le reflux.

De Biarritz à Saint-Jean-de-Luz s'étendent des falaises dont les prolongements viennent former dans la mer de beaux rochers.

Le bassin de la Méditerranée offre autant de variété que celui de l'Océan. Toute la partie occidentale de Port-Vendres au Rhône, sauf quelques montagnes près d'Agde et de Cette, est plate et marécageuse. Passé le Rhône, surtout avant Cannes, elle est découpée, dominée par des montagnes, des rochers, des falaises, sablée sur le bord, semée d'îles, de caps et de presqu'îles. C'est là que se mirent dans les eaux ces îles d'Hyères, terre promise où règne un éternel printemps.

Au loin est la Corse, qui offre en miniature le même tableau, escarpée et rocheuse d'un côté, plate et sablonneuse de l'autre.

Nous ne pouvons que jeter un coup d'œil sur la configuration de notre littoral; mais il existe des cartes qui en indiquent avec une précision rigoureuse jusqu'aux moindres détails; elles ont été dressées par les ingénieurs hydrographes de la marine, sous la direction d'un excellent géographe, qu'on peut ranger au nombre des savants dont la France a le plus droit d'être fière, Beautemps-Beaupré.

En consultant ces cartes, on peut y étudier la

profondeur des mers qui baignent les côtes de France.

La plus grande profondeur dans la Manche est de 50 mètres : elle est, en quelques points de l'Océan et de la Méditerranée, de 100 mètres, près de Saint-Jean-de-Luz, de Port-Vendres et des côtes entre Marseille et Nice[1].

### ACTION DE LA MER SUR LES FALAISES — CE QUE LA MER DÉTRUIT, CE QU'ELLE APPORTE

Tous ces mouvements continuels de la mer, les vagues, les courants, les tempêtes, les marées, ruinent ou édifient. Il est difficile de se faire une idée de la puissance des flots, alors surtout qu'ils sont poussés vers un obstacle par l'effort périodique de la marée et par des vents impétueux. Chaque lame ébranle violemment les constructions de granit les mieux disposées pour ne pas leur donner prise, détache des blocs énormes des falaises les plus dures, désagrège de grandes surfaces et creuse profondément celles qui sont tendres et friables.

Je me souviens que, pendant les marées d'automne, il y a quelques années, les flots, venant se

---

[1] *Nouveau pilote français.*

briser sur un escalier de granit, à Arromanches (Calvados), faisaient vibrer les marches avec tant de violence, qu'elles rendaient un son clair et même harmonieux, très analogue à celui d'un diapason d'acier.

Les rochers verticaux sont surtout sujets aux dégradations des vagues. Plus ils sont abrupts, plus ils sont exposés. Brisant immédiatement les flots, ils en éprouvent le choc dans toute sa force. Aussi, lorsque le littoral est bordé de falaises, comme en Normandie, il est sans cesse entamé et la mer gagne du terrain. En 1862, M. Lennier, directeur du musée du Havre, a vu la mer abattre les rochers de la Hève sur une épaisseur de 15 mètres. Depuis l'an 1100, les eaux de la Manche ont entamé cette falaise de 1400 mètres, soit 2 mètres par an. Le pas de Calais s'élargit sans cesse : M. Thomé de Gamond a démontré que le cap Gris-Nez recule en moyenne de 25 mètres par siècle. Dans la Seine-Inférieure, l'Océan entame annuellement la côte de 50 centimètres, dans le Calvados de 25 centimètres.

Lorsque, au contraire, la pente est douce, le flot s'éteint doucement, glisse sur le rivage, puis redescend vers l'Océan en abandonnant sur le sol le sable et les pierres qu'il avait apportés. Aussi ces plages augmentent-elles sans cesse, comme en Gascogne.

On conçoit aisément que bien des causes fassent varier l'action de la mer. C'est d'abord la nature de la roche plus ou moins dure ; puis, la pente des couches. Si la roche est inclinée vers la mer, l'eau remonte sur le plan sans presque l'altérer ; mais, dans le cas contraire, et c'est le plus commun, les lames frappent d'aplomb, et les parties inférieures attaquées continuellement par leurs coups réitérés se dégradent et se creusent. Bientôt les couches supérieures surplombent, et, ne trouvant plus un point d'appui suffisant, s'écroulent. Parfois les pierres les plus ténues sont seules emportées par les courants, les blocs les plus gros s'amoncellent au bas, ils forment un talus, un bourrelet, qui amortit le choc et préserve la falaise d'une destruction ultérieure.

L'homme invente rarement, il ne peut guère qu'imiter la nature ; et c'est bien, du reste, ce qu'il a de mieux à faire. Aussi n'emploie-t-on pas pour préserver les constructions maritimes d'autres expédients que ceux dont la nature vient elle-même de nous offrir l'exemple : on crée à leur pied un empierrement servant de bourrelet.

Les falaises compactes et formées partout d'une même roche s'altèrent uniformément. Mais celles qui présentent des fissures et des veines de substances plus friables les unes que les autres, se creusent de mille façons bizarres, et sont souvent percées de cavernes, de corridors. Qui n'a entendu parler des célèbres arches d'Étretat? Laissons le poëte décrire ces pittoresques érosions de la mer :

> Au pied du terrain blanc des normandes falaises,
> Murailles qui font face aux murailles anglaises,
> Mille creux sont ouverts, qui, de leur seuil béant,
> Absorbent chaque jour et rendent l'Océan.
> Aux heures où le flot que le reflux emporte,
> De ces antres vidés abandonne la porte,
> Descendez au rivage, et, longeant sa paroi,
> Entrez : l'étonnement est presque de l'effroi !
> Là, se dérouleront devant vous des arcades,
> Des voûtes, d'où les eaux retombent en cascades,
> Des grottes dont les blocs, minés et crevassés,
> Penchent affreusement sur vos fronts menacés.
> Marchez toujours : la roche, aux assises énormes,
> Affecte des aspects, des caprices, des formes,
> Tels que le voyageur se demande, surpris,
> S'il n'a point, dans un songe, égaré ses esprits.
> . . . . . . . . . . . . . . . . . . . . . . . .
> Par qui furent créés ces étranges dédales ?
> Qui façonna leurs murs, leurs pilastres, leurs dalles ?
> C'est la mer ! l'Océan est leur unique auteur ;
> Il en fut l'architecte, il en fut le sculpteur.
> Il conçut le chef-d'œuvre, et l'accomplit dans l'ombre.
> Ce que n'eussent point fait, durant des jours sans nombre,
> Un peuple d'ouvriers, armés de leurs ciseaux,
> Fut un facile jeu pour la lime des eaux.
> Admirez le travail de l'onde créatrice ;
> De l'ensemble aux détails explorez l'édifice ;
> Mais dans ses profondeurs n'attardez pas vos pas,
> Car le flux a son heure, et le flux n'attend pas.
> Ce n'est pas le lion, ce n'est pas la panthère

Qui soudain bondira d'un porche solitaire ;
Le flot, mieux qu'un lion, s'élancera sur vous.
Le flot de ce domaine est le maître jaloux.
Malheur aux imprudents surpris par la marée !
L'Océan est plus prompt que leur course effarée.
Combien d'infortunés qui dans les antres sourds
Épuisèrent leur voix à crier au secours !
Leur mort a défrayé les sinistres légendes
Qu'on répète le soir sur les côtes normandes ;
Les pêcheurs d'Étretat, de Dieppe, de Honfleur,
Vous les raconteront, et jamais sans pâleur ;
Ils diront les amants, avec leurs fiancées,
La veille de l'hymen, pris par les eaux glacées,
Les enfants disputés aux parents accourus,
Et du creux des rochers leurs mânes apparus.

(Joseph AUTRAN.)

## D'OÙ VIENNENT LE SABLE ET LES GALETS — LES DUNES BRÉMONTIER

On a vu que, dans la grande œuvre de destruction des falaises, une partie des débris étaient entraînés en pleine mer. Les plus friables, pulvérisés, forment le sable ; les autres, roulés, polis et arrondis par le frottement, deviennent les galets.

Sur les plages plates, pendant la durée du flux, chaque lame dépose le sable ténu qu'elle apporte. Il est alors mouillé et cohérent ; mais si le soleil est ardent ou le vent froid et vif, il sèche avec rapidité et devient très-meuble. Quand la brise souffle de la mer, il est repoussé vers les terres hors de portée de l'Océan et amoncelé en monticules. Ces amas de sable, d'une ténuité extrême, ce sont des *dunes*.

Les dunes occupent souvent de grands espaces, formant un cordon littoral large de plusieurs lieues. C'est quand on pénètre au milieu et qu'on les contemple de leurs plus hauts sommets, qu'elles se montrent dans toute leur horreur. « Alors, dit Brémontier, cette immense surface, comparable à celle d'une mer en fureur dont les flots élevés seraient subitement fixés dans le fort d'une tempête, n'offre aux yeux qu'une blancheur qui les blesse, une perspective monotone, un terrain montueux et nu, enfin un effrayant désert. »

La hauteur des dunes varie. Celles du littoral de la Méditerranée sont plus basses que celles des côtes océaniennes. De Port-Vendres aux bouches du Rhône, elles ne s'élèvent guère à plus de 6 ou 7 mètres de hauteur. En Gascogne, un grand nombre atteignent 75 mètres. Celle de Lascours a même 89 mètres de hauteur! Les deux versants d'une dune ne sont pas égaux, et le plan tourné vers la terre est bien plus rapide que l'autre. C'est qu'en effet l'un est un talus de glissement, l'autre un talus de chute. Le sable venant de la mer roule d'un côté, poussé par le vent, en grimpant le long de la pente douce ; puis, arrivé au sommet, ne tombe de l'autre côté que par son propre poids.

Au fur et à mesure que le sable est enlevé à la crête par le vent, il s'accumule en une seconde dune derrière la première ; puis il s'en forme une troisième et ainsi de suite. De là cette progression constante, cette marche des dunes vers la terre. On a calculé qu'elles avançaient en Gascogne de 24 mètres par an, à Saint-Pol-de-Léon (Bretagne), de 500 mètres, etc. Dans leur course, elles engloutissent tout ce qu'elles rencontrent : champs, fermes, villages. Aussi a-t-on dû chercher toujours à arrêter leurs envahissements.

Ce problème resta longtemps insoluble. Au commencement du dix-huitième siècle, M. de Ruhat, imitant les Hollandais, ensemença de pins des dunes à la Teste ; MM. Desbiey et Villers essayèrent vainement de propager cette méthode. L'honneur de la perfectionner et de la mettre en application était réservé à Brémontier, dont le nom est aujourd'hui si célèbre. Brémontier montra que le plus sûr moyen de fixer les dunes était d'y faire des semis d'arbres, qui par leurs racines donneraient plus de cohérence au sol. Mais il fallait une essence forestière capable de vivre dans ces terrains de sable ; il proposa le *pin maritime*. Comme tous les novateurs, Brémontier dut lutter longtemps pour faire prévaloir ses idées ; après douze années de démarches, il obtint enfin l'appui du gouvernement et commença le boisement des dunes, que l'on continue aujourd'hui. Outre son utilité pour arrêter les sables, le pin maritime est d'un véritable intérêt pour l'industrie : car il laisse suinter par les incisions que l'on fait dans son écorce, une gomme que l'on recueille précieusement, la térébenthine [1].

L'ensemencement des dunes landaises, commencé en 1787, interrompu en 1793, repris en 1806, est aujourd'hui complètement terminé. Il a coûté 200 francs l'hectare, et actuellement les dunes valent 600 francs l'hectare. Ainsi l'ensemencement, d'un simple moyen de salut, est devenu une source de richesse !

Les dunes du pas de Calais sont fixées à l'aide de semis d'un roseau, l'*Arundo arenaria*, le pin maritime ne pouvant vivre dans cette région de la France comme en Gascogne.

---

[1] On trouvera d'intéressants détails sur ce sujet dans le beau et savant livre de M. Élisée Reclus, *la Terre*, un des ouvrages les plus remarquables de ces dernières années.

**LES BANCS DE SABLE**

D'autres formations arénacées modifient aussi beaucoup la configuration de notre littoral : nous voulons parler des *bancs de sable* qui obstruent l'entrée des cours d'eau.

On nomme *barres* les dépôts qui, formant une muraille transversale en avant des fleuves, les séparent en quelque sorte de la mer.

En arrivant à l'Océan, les eaux douces refoulent les eaux salées; mais la résistance de celles-ci arrête leurs cours, et elles finissent même par s'affaiblir jusqu'à cesser d'entraîner les sables et les boues qui, n'étant plus soutenus, tombent au fond et forment des bancs.

Indépendamment de la barre, il existe souvent dans le lit des fleuves, près de leur embouchure, des dépôts triangulaires ou *deltas* (ce dernier mot vient de la lettre grecque Δ). Leur cause est la même que celle de la barre. Tels sont les atterrissement de la Seine et la Camargue du Rhône.

Souvent aussi ces atterrissements, cachés sous des eaux peu profondes, opposent des obstacles presque invincibles à la navigation fluviale. Sans cesse bouleversés par les courants, transportés d'un point à un autre, il est à peu près impossible d'en dresser une carte exacte, et les meilleurs pilotes ne peuvent pas toujours les éviter.

### GÉOLOGIE DES COTES — LES FOSSILES — NATURE DES TERRAINS

Il se rencontre des baigneurs et même des baigneuses qui, ne s'effrayant pas trop d'un nom scientifique, désirent utiliser une partie de leurs loisirs forcés des bains de mer en faisant un peu de géologie. Ils explorent les falaises, cherchant et détachent avec soin les fossiles qu'elles contiennent. Qu'ils nous permettent de leur donner ici quelques indications sur la nature géologique des principales stations de bains de mer : car si on n'est pas préparé à ces recherches par une petite provision de connaissances spéciales, souvent on ne tarde pas à se décourager.

Décrire et nommer les couches superposées qui composent l'écorce terrestre n'est point notre affaire. Beaucoup d'excellents ouvrages élémentaires donnent à ce sujet de nombreux détails. Aussi nous nous bornons à représenter, à l'aide de coupes, la nature des terrains sur lesquels sont

4

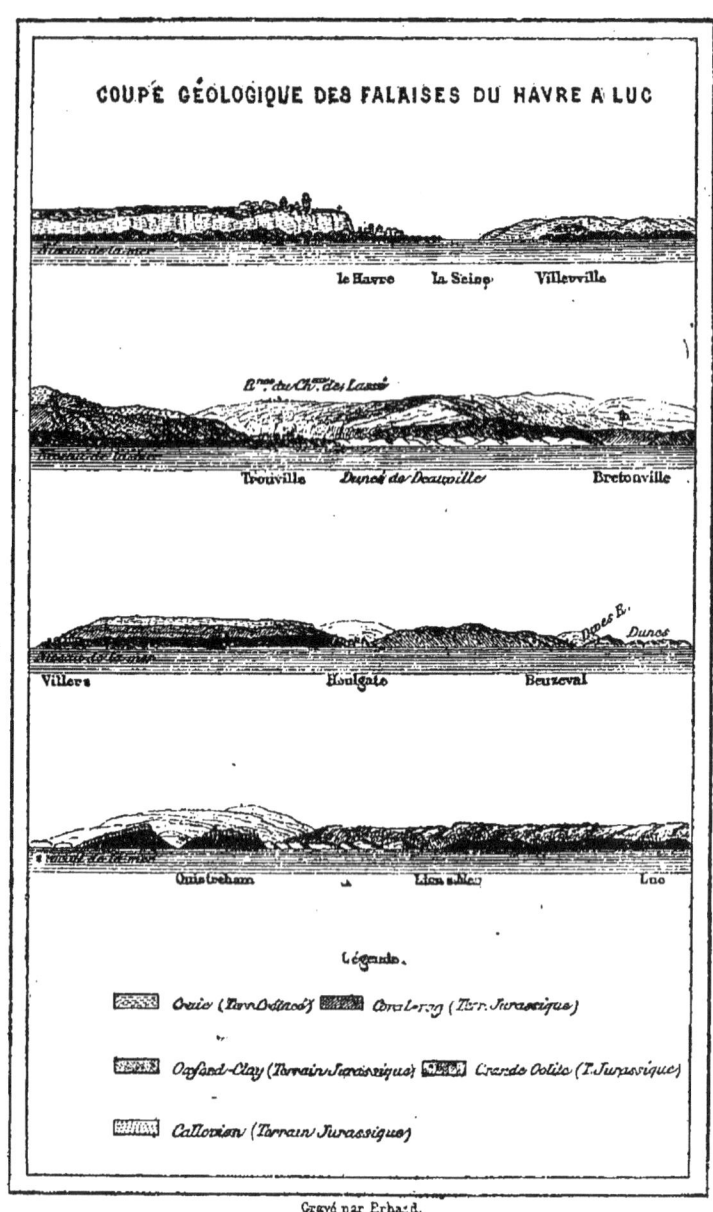

Fig. 3. — Falaises entre le cap d'Antifer et Luc.

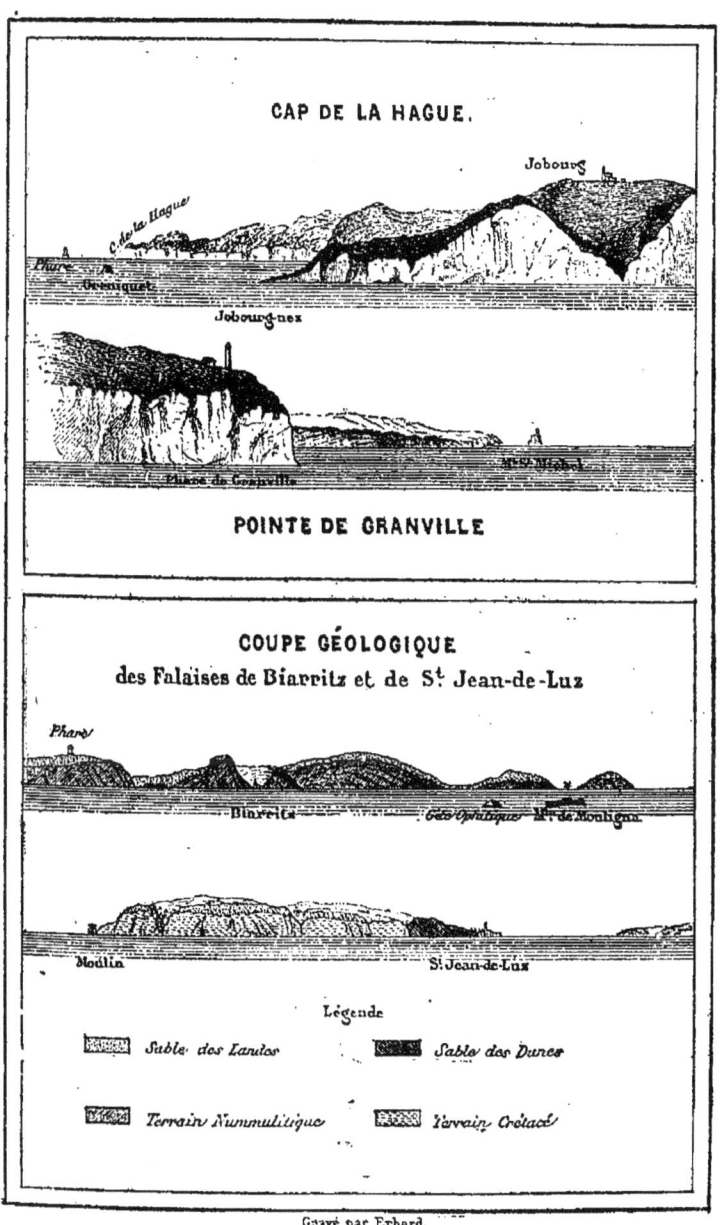

Fig. 4. — Falaises de la Hague, de Granville et de Biarritz.

situées nos principales stations de bains. A l'aide de ces coupes, dressées sur les lieux, le lecteur pourra aisément retrouver dans le petit traité de géologie qu'il aura eu la précaution d'emporter la désignation des fossiles qu'elles contiennent.

La vue que nous avons donnée des falaises d'Yport, depuis Fécamp jusqu'à Étretat, fait connaître leur aspect. Elles sont constituées par de la craie incrustée de rognons de silex.

Les légendes des coupes suivantes les expliquent suffisamment.

Nous engagerons les personnes que ce sujet intéresse à visiter les belles collections de fossiles provenant de ces diverses localités, réunies par M. Lennier, au musée du Havre; par M. Eudes Deslonchamps, au musée de la faculté de Caen; et par M. Leremoy, propriétaire de l'hôtel de Guillaume-le-Conquérant, à Dives.

A Cherbourg, on trouve les terrains de transition. La montagne du Roule est de schiste silurien.

En Bretagne, nous sommes sur les terrains primitifs (granits, etc.); à peine rencontre-t-on quelques lambeaux de terrains de transition.

A partir de l'embouchure de la Gironde, on trouve les terrains tertiaires, qui font place aux crétacés tout près des frontières.

Nous donnons la coupe de la côte à Biarritz et à Saint-Jean-de-Luz (*fig.* 4).

Nous recommandons aux touristes qui parcourent cette région une couche fossilifère des plus riches. C'est un beau gisement de crabes fossiles, situé en mer, mais accessible à marée basse, juste en face le moulin de Mouligna, entre Biarritz et Bidart. Près de là est un gîte d'ophites.

A ceux qui visitent la Normandie nous signalons les célèbres falaises des *Vaches-Noires* qui s'étendent de Villiers à Beuzeval, et qui contiennent de magnifiques fossiles bronzés par une couche métallique de pyrite.

Sur les bords de la Méditerranée, avant d'arriver à Hyères, on trouve des grès bigarrés qui appartiennent au trias; de Giens à Fréjus des granits.

Le massif de l'Esterel est formé de porphyre.

L'île Sainte-Marguerite et le cap Gros, le long du golfe de Juan, sont constitués par du grès vert (terrain crétacé), lequel fait place aux couches tertiaires entre Antibes et Nice, mais reparaît après cette ville et se continue jusqu'aux frontières.

# CHAPITRE III

## L'HOMME ET LA MER.

## III

**PORTS NATURELS ET PORTS ARTIFICIELS — LES MOLES ET LES JETÉES**

Avant d'étudier les productions naturelles de nos côtes, jetons un coup d'œil sur les travaux dont elles ont été l'objet.

Un de nos érudits écrivains, M. E. Neuville, dans son livre sur *les Ports militaires de la France*, a expliqué avec clarté et élégance comment on construit un vaisseau, comment on l'aménage, comment on le dirige : ici nous examinerons rapidement à l'aide de quels moyens on parvient à préserver, autant que possible, le navire des dangers qu'on doit toujours craindre pour lui dans le voisinage de la terre ferme.

On doit comprendre sous le nom générique de *ports* tous les lieux où les bâtiments viennent aborder, soit pour y déposer, soit pour y prendre des marchandises, soit simplement pour y trouver un abri et attendre des vents favorables.

On peut les diviser en ports *naturels* et ports *artificiels*.

Dans les premiers la nature a tout fait, en creusant sur la côte un bassin qui n'est en communication avec la mer que par un col, un détroit plus ou moins large. C'est juste l'inverse d'une presqu'île ; c'est une portion de mer entourée de terre de tous les côtés, excepté un, au lieu d'une île reliée au continent par une langue de terre.

Nous avons en France, à BREST, un magnifique exemple de port naturel. Il est situé au fond d'un golfe étroit, profond, avancé dans les terres, la *rade*. La rade pourrait abriter toutes les flottes de l'Europe. Le port proprement dit peut contenir seize vaisseaux de ligne et plus de cinquante autres bâtiments de guerre. Le *goulet* qui unit le port à la rade est très étroit.

Sous le nom de *ports artificiels* on confond ceux où l'homme n'a fait que compléter la nature, ainsi qu'à Toulon et à Alger, et ceux où il a dû tout créer de ses mains, comme à Cherbourg.

Parmi les travaux destinés à rendre les ports demi-naturels ou artificiels plus propres à remplir leur destination, à abriter avec sûreté des navires qui se reposent dans leurs bassins, il faut en première ligne mentionner les *môles* et les *jetées*.

Les môles sont des constructions en maçonnerie qui continuent le rivage et le prolongent, pour ainsi dire, de façon à compléter un bassin. Le plus grand que nous ayons en France est celui de Granville, qui a environ 600 mètres de longueur. En 1847, on évaluait la longueur totale de nos môles à 9 kilomètres répartis entre une trentaine de ports.

Les jetées sont surtout destinées à fixer l'entrée des ports en arrêtant les galets et les sables que la mer apporte du large, et qui tendent à combler le chenal. Elles empêchent également l'obstruction que pourraient causer les sables mêmes de la plage. Enfin, elles brisent les lames et maintiennent ainsi le calme dans les bassins. Quelquefois ou construit deux jetées parallèles qui s'avancent à plusieurs centaines de mètres jusqu'à la ligne de retrait des eaux, de façon à former un canal qui met en communication permanente la pleine mer avec le port. Dans les localités de peu d'importance, on remplace les jetées de maçonnerie par de simples estacades ou jetées faites en poutres épaisses et goudronnées.

Il y a plus de soixante-dix ports français dans lesquels existent des jetées plus ou moins longues; les plus considérables sont celles de Calais, qui atteignent ensemble 1450 mètres, celle de

Dunkerque (1400 mètres), celles du Havre, de Dieppe, de Boulogne, des Sables, etc.

### BASSINS DE RETENUE ET ÉCLUSES DE CHASSE — LES DIGUES CHERBOURG

Pour compléter l'action des jetées sur les côtes de l'Océan, et empêcher que les bassins ne soient promptement ensablés et hors de service, on établit ce qu'on nomme des *bassins de retenue* ou *écluses de chasse*; ce sont des bassins qu'on ferme hermétiquement lorsque la mer est haute; quand elle est basse, on ouvre les portes; l'eau qu'ils contenaient se précipite alors vers la mer, entraînant tout sur son passage, brisant les bancs de sable et de vase, creusant des chenaux.

Dunkerque, Gravelines, le Tréport, Boulogne, Dieppe, Fécamp, le Havre, la Rochelle sont munis d'écluses de chasse; celle de Dunkerque peut lancer, dans la première heure qui suit l'ouverture des portes, 900 000 mètres cubes d'eau, et celle de Fécamp, dans le même temps, 800 000 mètres cubes.

Ajoutons que l'on creuse aussi des bassins qu'on ferme lors du reflux et qu'on ouvre à marée haute (les *bassins à flot*), pour que les navires soient toujours à flot et ne s'envasent jamais.

Trop souvent les ports n'ont pas de rade naturelle, et on est obligé d'en faire une en construisant devant le port une *digue* isolée ou *brise-lames*.

En France, nous ne possédons que six digues : celle de Cherbourg, celle de Cette, celle de Sauzon, celle de Marseille, celle de Baudol et le brise-lames flottant de la Ciotat.

La digue de Cherbourg est l'ouvrage le plus gigantesque qu'aient produit les efforts humains, sans même en excepter les fameuses pyramides d'Égypte.

On attribue généralement à Vauban l'idée première de la digue de Cherbourg. C'est à tort : Vauban, chargé d'examiner quel était le point de la Manche le plus propre à l'établissement d'un port militaire, avait choisi la Hogue et non Cherbourg. C'est en 1777 que le vicomte de la Bretonnière, capitaine des vaisseaux du roi, chargé de reconnaître les côtes de Dunkerque à Granville, étudia avec attention la baie de Cherbourg et proposa de fermer cette baie, largement ouverte à l'Océan, en la barrant par une digue construite à 5 kilomètres du rivage. D'après ce projet, la rade eût communiqué avec la mer par trois passes ; on aurait coulé bas des navires remplis de maçonnerie, pour former le noyau de l'ouvrage ; puis, on les aurait recouverts de roches qu'on eût laissées simplement tomber.

M. de la Brétonnière rencontra, au moment où son projet allait recevoir son exécution, un fougueux adversaire en la personne de M. de Cessart. Ce dernier voulait faire la digue en submergeant sur toute la ligne une file de cônes immenses en bois, remplis de pierres. M. de la Bretonnière présentait un plan peut-être trop simple pour séduire : il fut vaincu. M. de Cessart construisit ses cônes : cinq ans après l'immersion du premier, il n'en restait plus trace, et on dut revenir à la proposition de la Bretonnière. On est heureux d'avoir à constater que M. de Cessart agit alors en homme d'esprit : il reconnut hautement la supériorité du système de son adversaire.

A la Révolution, les travaux, qui avaient déjà atteint le niveau des basses mers, furent abandonnés. Ils furent repris en 1792, et continué avec activité, par l'ordre de Napoléon, lors de son avénement.

Après bien des essais infructueux pour établir un fort au milieu de la digue, on réussit à en fonder un à peu près solide; mais ce ne fut qu'en 1832 que M. Fouques-Duparc, ingénieur en chef des travaux hydrauliques, proposa de couvrir la digue au moyen d'une muraille en maçonnerie pleine, de 10 mètres de largeur, revêtue de pierres de granit taillées, dont les fondements seraient établis au niveau des plus basses mers. On approuva cet avis, et on put enfin terminer la digue.

La digue, y compris les forts extrêmes, a une longueur totale de 3613 mètres. Elle a 100 mètres de largeur à la base et 27 mètres de hauteur. Sa chaussée est élevée à 9 mètres au-dessus du niveau des basses mers.

Au centre et aux deux extrémités sont des forts composés d'une batterie circulaire et, à l'intérieur, d'une caserne. Des deux côtés du fort central, faisant face à la rade, sont deux ports de refuge. Enfin, entre l'extrémité est de la digue et le fort de Flamands, on a bâti, sur un rocher abrupt, l'île Pelée, une redoutable forteresse ; sa construction remonte à 1777.

Ainsi, en décrivant une sorte de demi-cercle dont le centre est formé par la ville de Cherbourg et allant de l'est à l'ouest, on rencontre successivement, sur la plage de Tourlaville, le fort des Flamands, puis, en mer, l'île Pelée, surmontée du fort Impérial, puis la digue et ses batteries ; puis, sur la plage de Querqueville, le fort du même nom. Pour surcroît, la rade entière est dominée et commandée par le fort du Roule, situé derrière la ville, sur des rochers escarpés. Il est difficile de trouver une rade mieux défendue. Cependant ce n'est pas tout : sur la route de Querqueville à Cherbourg, on trouve encore une batterie, et, à l'ouest du premier de ces endroits, on a bâti le fort de Chavagnac.

Ajoutons, hélas ! qu'après chaque tempête il faut réparer les dégradations de la digue. Que sont nos œuvres les plus gigantesques, nos matériaux les plus résistants, en face des efforts continus, des coups répétés mille et mille fois de ces mobiles vagues de l'Océan !

### SÉMAPHORES — PHARES

Ce qui précède se rapporte aux travaux à l'aide desquels on a rendu plus facile l'accès de nos ports et plus calme l'abri qu'y viennent chercher les navires.

Mais on n'attend pas que les navires arrivent pour leur être secourable. La prévoyance et l'humanité ont été plus loin. Sur tout notre littoral on a établi un cordon d'appareils à l'aide desquels on peut communiquer à distance avec les navigateurs pour leur signaler les dangers de la côte, les récifs, les bancs de sable, qui embarrassent la mer.

Ces divers appareils sont les *sémaphores*, les *phares* et les *balises*.

Les sémaphores sont de véritables télégraphes.

On les place ordinairement sur les points les plus élevés des falaises, à l'extrémité des pointes ou à l'entrée des ports.

Le sémaphore se compose d'un mât élevé, en travers duquel est fixée une vergue. Des cordes nombreuses rattachent les unes aux autres les extrémités de cette croix, et la fixent au sol. A l'aide d'un système de poulies, on peut faire monter le long de cet assemblage des pavillons, des ballons noirs, en osier, pendant le jour, et des lanternes pendant la nuit.

Les pavillons indiquent, par leur couleur et leur forme, combien il y a d'eau dans le chenal du port voisin, à 25 centimètres près[1].

Les ballons ou fanaux, au nombre de cinq, suivant leur position relative, représentent divers chiffres que le navire en vue note au fur et à mesure qu'on les lui montre. Ces chiffres réunis forment des nombres; voici à quoi ils servent.

On a eu l'heureuse idée de faire un dictionnaire de toutes les questions et de toutes les réponses propres à faire connaître à un navire le nom du

---

[1] Un pavillon *blanc croisé de noir* et une flamme *noire*, suivant que le premier est au-dessus ou au-dessous de l'autre, tout au sommet du mât, montrent que la mer monte ou descend; un pavillon *rouge* marque que l'entrée du port est interdite.

port dont il est proche, l'heure de la pleine mer, la profondeur des chenaux, etc., et aux surveillants du port, la provenance du navire, son but, son tonnage, son chargement, etc.

En tête de chacune de ces phrases, on a mis un numéro d'ordre, et on a traduit le recueil dans toutes les langues.

Tout bâtiment, comme tout port, est tenu de posséder un exemplaire de ce code maritime, en sorte qu'avec un sémaphore on puisse faire au navire des questions et des réponses dans toutes les langues et sur tous les sujets possibles, à l'aide des numéros qui leur correspondent.

Quant aux navires, leur mâture forme un sémaphore naturel, qu'on complète à l'aide de cinq objets bien visibles, quels qu'ils soient.

« Il est, dit Arago, des ports dans lesquels un navigateur prudent n'entre jamais sans pilote; il en existe où, même avec ce secours, on ne se hasarde pas à pénétrer de nuit. On concevra donc aisément combien il est indispensable, si l'on veut éviter d'irréparables accidents, qu'après le coucher du soleil des signaux de feu bien visibles donnent avis, dans toutes les directions, du voisinage de la terre; il faut, de plus, que chaque navire aperçoive le signal d'assez loin pour qu'il puisse trouver, dans des évolutions souvent fort difficiles, le moyen de se maintenir à quelque distance du rivage jusqu'au moment où le jour paraîtra. Il n'est pas moins désirable que les divers feux qu'on allume dans une certaine étendue des côtes ne puissent pas être confondus, et qu'à la première vue de ces signaux hospitaliers, le pilote, qu'un ciel peu favorable a privé pendant quelques jours de tout moyen assuré de diriger sa route, sache, par exemple, en revenant d'Amérique, s'il doit se préparer à pénétrer dans la Gironde, dans la Loire ou dans le port de Brest. »

Ces feux si utiles, ce sont les *phares*[1].

Les anciens ont eu des phares célèbres. Qui n'a entendu parler de la célèbre tour que Ptolémée Philadelphe fit ériger par Sostrate de Gnide, dans l'île de Pharos, et qui donna son nom à ce genre de signaux? On employait alors simplement des tours très-élevées, sur le sommet desquelles on allumait des feux. Les Romains en avaient établi partout dans leur empire : ils ne manquèrent pas d'en doter la Gaule conquise. Au commencement de ce siècle on voyait encore à Boulogne un phare dont la construction remontait à l'époque gallo-romaine. Il était octogone, se composait de douze étages avec autant de galeries

---

[1] Voir, dans la *Bibliothèque des Merveilles*, un volume sur *les Phares*, par M. Renard, bibliothécaire du ministère de la marine.

supportées par de beaux entablements, et avait environ 20 mètres de diamètre à la base.

On est étonné de la lenteur que tant de peuples maritimes ont mise à perfectionner les phares. Le premier progrès remarquable réalisé dans la construction des phares ne remonte qu'à une époque peu éloignée.

Ce fut en 1784 qu'on remplaça les mèches trempées dans l'huile, dont on se servait depuis longtemps, par les lampes à double courant d'air d'Argant.

Le chevalier de Borda eut ensuite l'idée d'augmenter de beaucoup l'intensité de la lumière en plaçant derrière un *miroir parabolique ;* on nomme ainsi un miroir qui doit à sa courbure particulière la propriété de renvoyer en avant, en un seul faisceau, tous les rayons lumineux qu'il reçoit et qui étaient autrefois perdus à éclairer la campagne. Comme, à cause même de cette propriété, le phare n'était visible à la fois que pour un bien petit espace pour la mer, c'est-à-dire celui qui est dans l'alignement du cylindre lumineux, M. Lemoine eut l'idée de compléter le système en faisant mouvoir le miroir à l'aide d'un mouvement d'horlogerie, afin d'éclairer ainsi successivement tous les points de l'horizon.

En disposant autour d'un même axe un nombre plus ou moins grand de lampes ayant chacune son réflecteur, et en faisant varier la vitesse de rotation, on obtient des alternatives régulières de lumière et de ténèbres plus ou moins longues, suivant les phares.

La longueur des phases peut ainsi servir à reconnaître le phare. On donne à ces monuments le nom de *phares à feu tournant* ou *phares à éclipses.*

En 1821, Augustin Fresnel, stimulé par les encouragements d'Arago, imagina les phares à appareil lenticulaire ou à *feux fixes*. Le premier phare de ce genre fut celui de Cordouan, situé à l'embouchure de la Gironde (*fig.* 5).

Les perfectionnements, cette fois, étaient nombreux.

Tout d'abord Arago et Fresnel construisirent des lampes à quatre mèches concentriques abreuvées d'huile par un mouvement d'horlogerie, et dont une seule équivaut, pour l'intensité de la lumière, à vingt-deux des meilleures lampes Carcel. Puis Fresnel inventa la *lentille à échelons*, ou plutôt perfectionna l'idée qu'en avaient eue Buffon et Condorcet.

La lentille qu'on nomme ainsi est formée d'une lentille ordinaire, peu épaisse, autour de laquelle sont disposés des anneaux prismatiques taillés de telle sorte que leur courbure ait le même centre que leur lentille (*fig.* 6, coupe).

Il eût été impossible de tailler et de polir ces

grands cercles de verre. Fresnel employa des

Fig. 5. — Phare actuel de Cordouan.

segments séparés, qu'il réunit à l'aide de colle de poisson, placés devant les lampes; ces lentilles en recueillent les rayons et les projettent avec une puissance prodigieuse. Ainsi une lentille à échelons de 75 centimètres de diamètre, éclairée par une seule lampe à quatre mèches, porte les rayons à 12 lieues de distance; elle donne huit fois plus de lumière que le meilleur réflecteur, et son effet est égal à celui de 4000 becs de gaz réunis.

En disposant autour de la lampe une série de lentilles à échelons formant un cylindre, on illumine d'une manière égale tout l'horizon.

On forme aussi la coupole des phares de prismes qui réfléchissent la lumière et renvoient les rayons perdus sur les lentilles, qui les recueillent.

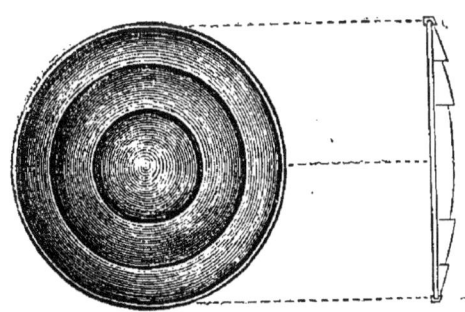

Fig. 6 — Lentille à échelons.

On s'applique aujourd'hui à substituer la lumière électrique fournie par un appareil d'induction aux lampes à l'huile de colza. J'ai vu en août 1866 les phares du Havre inaugurer ce nouvel éclairage, bien plus intense que l'autre. La machine électrique (système Clarke) est mue par la vapeur. Pour éviter toute interruption qui pourrait résulter d'accidents, on a des appareils et des moteurs en double, et pendant les brumes la seconde machine à vapeur fait sonner une cloche.

En 1847, un certain nombre de phares était encore à réflecteurs, par exemple ceux de Calais, du cap d'Aily, du cap Fréhel, de la pointe des Baleines, de Taillais et de quelques jetées; presque tous sont maintenant à lentilles.

Le nombre des feux allumés chaque soir sur nos côtes était de 15 en 1825; en 1846, de 156, ainsi répartis : Manche, 77; Océan 51; Méditerranée, 28.

Il y en avait, de plus, 16 en Algérie et 9 aux colonies.

En 1860, on en comptait 228 sur la France continentale seule; en 1866, 295.

Pendant longtemps on n'a construit de phares que dans les ports de mer[1]. Aujourd'hui, c'est généralement sur les côtes les plus sauvages et les

---

[1] La construction d'un phare de premier ordre coûte de 200 à 500 000 fr., et son entretien annuel, 8000 fr. Notre système de phares nous revient à 1 million par an, tout compris; entretien, constructions nouvelles, etc.

plus désolées, à l'extrémité des caps ou sur les écueils les plus exposés à la fureur du vent et de la mer, que l'on place les phares de premier ordre, afin d'annoncer d'aussi loin que possible aux navigateurs l'approche des continents. Sur les vingt-sept phares de premier ordre allumés actuellement sur nos côtes, deux seulement sont dans des villes (à Dunkerque et à Calais). Parmi les plus remarquables, il faut citer celui de Cordouan (Gironde), et celui des Heaux de Bréhat (Bretagne).

### BALISES — BOUÉES — FEUX FLOTTANTS

Nous avons vu comment il se forme à l'entrée des cours d'eau des bancs de sable ou de limon qui causent la perte certaine des navigateurs lorsqu'ils viennent à s'y échouer. Nous avons aussi parlé des rochers-écueils dissimulés sous une mince couche d'eau, et sur lesquels les plus forts navires se brisent ou s'entr'ouvrent comme la plus frêle nacelle. Pour signaler ces dangers aux marins, on les marque par des *balises*.

La balise se compose d'une barre de fer, fixée dans le sol et portant un objet bien visible et toujours au-dessus de l'eau, ou bien d'une amarre ancrée au fond et à laquelle est attaché un tonneau qui flotte à la surface et porte un petit drapeau ou une cloche que la mer furieuse met elle-même en branle.

Ce dernier genre de balises est aussi désigné sous le nom de *bouée*.

Parfois, lorsque le banc est large et très-dangereux, on remplace la balise par un ponton à l'ancre qui porte un fanal au haut du mât.

C'est alors un *feu flottant*, comme il en existe près de Rochebrune et dans cinq ou six autres localités.

La balise est l'amie du pêcheur : elle lui indique la route qu'il doit suivre, l'obstacle qu'il doit éviter; elle le guide dans sa navigation, elle le ramène à sa demeure, et on peut dire, sans être taxé d'exagération, que ces modestes tonneaux que le promeneur toise d'un œil indifférent, sauvent chaque jour la vie à beaucoup de braves marins. Il ne faut jamais regarder qu'avec respect et attendrissement les balises qui se balancent lourdement à l'entrée de nos petits ports.

# CHAPITRE IV

## LES ALGUES OU PLANTES MARINES

IV

**LA CÔTE A MARÉE BASSE — SUJETS D'OBSERVATION ET D'ÉTUDE**

C'est un spectacle curieux et instructif, si l'on veut y prêter quelque attention, que celui de la côte pendant la marée basse.

Entre les dernières vagues et le pied des falaises s'étend un vaste cordon de terrain, encore humide de l'onde qui tout à l'heure le recouvrait, diapré de mares limpides et de petits ruisseaux d'eaux rapides et claires qui vont, par mille bras, se déverser dans l'Océan.

La plage est formée ici de sable fin et doux, là, de rochers bizarrement ciselés par l'action des eaux, couverts de moules serrées les unes contre les autres ou de varechs bruns et glissants, et entourés d'une mare bleue et transparente.

Ces petits bassins naturels creusés dans le roc

sont charmants. Les bords et le fond en sont tapissés de plantes marines, aux couleurs vives et franches, rouges, blanches, vertes, brunes, et dont les rameaux déliés flottent et ondoient sous l'action de la moindre brise. Sur ces végétaux s'étirent et cheminent avec lenteur de petits mollusques, aux coquilles bigarrées de teintes diverses ; puis des crevettes, diaphanes et vives, bondissent rapidement sur le fonds sablé ; des crabes rouges ou bleus, semblables à de grosses araignées, courent de côté, chassant et dévorant ce qu'ils rencontrent : des bernard-l'hermite traînent avec eux la coquille qui les abritent ; des vers marins serpentent et se faufilent dans les cavités du rocher ; des étoiles de mer gisent insolubles ; des méduses, s'étalent, semblables à des champignons de gélatine.

Parmi tant de sujets d'étude, le premier et le plus simple nous paraît être celui des plantes marines.

### LES GRAINES DES ALGUES SE MEUVENT

Si nous comparons l'un à l'autre un rosier et un quadrupède, nous ne songeons pas même à mesurer la distance qui sépare l'animal du végétal ; mais si nous descendons vers les êtres les plus simples de ces deux règnes, nous avons au contraire toutes les peines du monde à trouver les caractères précis qui les distinguent.

Les algues sont bien des plantes, et cependant elles jouissent dans leur première jeunesse d'une propriété qu'on avait crue cependant bien longtemps caractéristique de l'animalité seule : elles se meuvent.

Les algues ont des fleurs, mais qu'on ne peut pas comparer à celles des végétaux de nos jardins et de nos parcs. Ce sont simplement des mamelons, renfermant des petits corps de deux sortes, les *zoospores* (*fig.* 7) et les *anthérozoïdes* (*fig.* 8). Les premiers représentent les *pistils*; les seconds, plus petits, les *étamines*. Les uns et les autres ont un peu la forme d'un œuf microscopique et sont invisibles à l'œil nu.

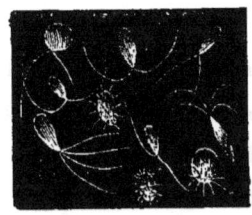

Fig. 7. — Zoospores.

A un certain moment, ces corps sortent de la capsule qui les renferme. A l'aide de cils plus ou moins nombreux plantés à leur pointe, ils se meuvent rapidement. Les anthérozoïdes se rassemblent autour des zoospores, rampent en quelque sorte à leur surface, les font pivoter en tous sens; le zoospore est alors devenu une véritable graine

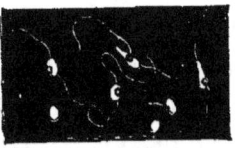

Fig. 8.—Anthérozoïdes.

qui bientôt cesse de s'agiter et de nager, se fixe définitivement à un corps étranger, germe et devient une algue.

### VARECH VÉSICULEUX — MOUSSE DE CORSE — LAMINAIRE SUCRÉE ULVE COMESTIBLE — ZONAIRE PAON, ETC.

Les algues, ou plantes marines, affectent les formes et les couleurs les plus variées; les unes sont d'une délicatesse incroyable, frangées ou ramifiées à l'infini; d'autres sont grossières et massives. Il y en a qui ressemblent à des feuilles de papier végétal coloré, d'autres sont pareilles à des chapelets de globules de cuir.

En voici une de couleur foncée, ramifiée, couverte de boutons ou vésicules, et terminée souvent par des sortes de petites grappes. Elle est poisseuse et glissante. Son odeur est forte, et lorsqu'on parvient à marcher en équilibre sur les rochers qu'elle recouvre, on entend une crépitation due à ce que le pied foule et fait éclater les vésicules d'air. C'est le *varech vésiculeux* (*fucus vesiculosus*) (*fig.* 9). Dans certaines contrées où il abonde, entre autres sur les côtes de Bretagne, on le coupe deux fois l'an comme on fait d'une prairie; on s'en sert pour fumer les terres, ou bien on le brûle pour en extraire la soude ou l'iode. On utilise aussi dans ce but le *fucus nodosus* et le *fucus serratus ;* mais cette application industrielle des varechs est presque complètement abandonnée de-

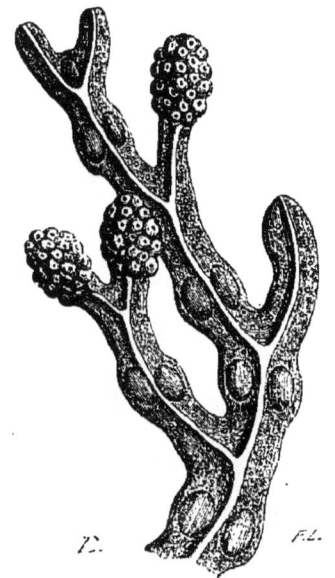

Fig. 9 — Varech vésiculeux.

puis la découverte du procédé de décomposition du sulfate de soude par la craie et le charbon. Aujourd'hui on ne se sert guère des varechs que pour faire des matelas.

Sur les rivages de la Méditerranée croît le *fucus vermifugo* (*Ceramium helminthocortos*), ou *mousse de Corse* (*fig.* 10). C'est une plante de consistance cornée, cartilagineuse, d'une couleur purpurine ou violacée, dont les rameaux grêles s'entrelacent en touffes serrées, inextricables, et qu'on voit souvent dans les bocaux à l'étalage de nos pharmaciens. Personne n'ignore que c'est un des meilleurs médicaments qu'on puisse employer pour

Fig. 10. — Fucus vermifugo.
1. Touffe de fucus (*gr. nat.*).   2. Un rameau isolé (*grossi*).

chasser les vers surtout chez les enfants : car il irrite peu le tube instestinal, bien que ses effets soient assez prompts. On s'en sert pour préparer des infusions, des poudres, un sirop, une gelée, etc.

La mer rejette bien souvent sur les plages une algue dont la forme rappelle un peu celle d'une feuille de yucca ou de glaïeul : elle est terminée par une tige longue de 8 à 10 centimètres et fixée à la roche par des crampons. Sa couleur est vert sombre; elle est luisante, flexible : on dirait une lame de caoutchouc. La *Laminaire sucrée* (*Laminaria saccharina*), on nomme ainsi cette algue, se recouvre en séchant d'une couche de poussière cristalline qui sert de sucre aux habitants pauvres de l'Irlande. Grillée et assaisonnée de beurre, elle offre, dit Roques, qui est un fin gourmet, un excellent aliment.

L'*Ulve comestible* (*Futus edulis*) est d'un vert agréablement nuancé de rouge. Elle est épaisse, large, plane, marquée de petites vésicules. C'est un des aliments des Écossais et des Irlandais.

Ces pellicules minces, brillantes et demi-transparentes, qui revêtent d'immenses étendues d'un bel herbage, et que plus haut que nous comparions à des feuilles de papier végétal, constituent l'*Ulva latissima*. Rien de vivant ne lui ressemble, si ce n'est une autre algue, mais celle-ci d'un beau violet, la *Porphyria laciniata*.

La *Zonaire paon* (*Zonaria pavonia*) (*fig.* 11) a une forme caractéristique : notre gravure suffira pour la faire reconnaître. Elle est d'une teinte générale grisâtre, rayée de brun, de blanc et de vert.

Je ne puis parler ici que des fucus les plus

Fig. 11. — Zonaire paon.

communs sur nos côtes, et encore l'espace me force à n'en citer qu'un bien petit nombre. Je me

Fig. 12. — Plocamium vulgare.

bornerai à en mentionner encore deux de petite

taille qui abondent dans la Manche. L'un est rouge
ou rose, semi-transparent, mignon et charmant :
des deux côtés de chacun de ses rameaux, de
petites branches sont disposées régulièrement en
arborescence : c'est le *Plocamium vulgare* (*fig.* 12),
que le flot de fonds cueille dans la mer profonde.
L'autre est vert, formé de filaments minces,
étroits, tantôt lisses et tantôt plissés, réunis en
touffes à la base qui adhère aux rochers; c'est
l'*Enteremorpha compressa*.

### HERBIERS MARINS

Les plantes marines sont aisées à recueillir : car
à chaque marée la mer en rejette sur la plage
d'énormes touffes arrachées aux rochers.

Au retour à la ville, en hiver, on prendra peut-
être plaisir à les étudier à l'aide soit d'un livre,
soit d'un savant.

Pour les conserver en en fait des herbiers.
Comme il est souvent très-difficile de les étaler sur
le papier, je vais indiquer le moyen que j'emploie
et qui m'a toujours réussi.

Les algues, aussitôt ramassées, sont tassées en
paquets et desséchées sans aucune précaution;
elles se conservent ainsi très-bien sous un petit
volume. Lorsqu'on veut faire son herbier, il faut

jeter les paquets dans l'eau douce, les agiter et laisser les plantes se décoller d'elles-mêmes. Dans un plat creux on met une feuille de papier; sur celle-ci on verse de l'eau bien pure; puis on prend une algue lavée avec soin, on la plonge dans cette eau et on l'aide à s'étendre en séparant ses rameaux au moyen d'une baguette de verre ou d'une aiguille, suivant leur consistance. On soulève alors le papier par les coins, et l'herbe reste à sec parfaitement étalée. Il est bon de faire sécher sous une vitre ou de la toile cirée, les végétaux marins se collant à tous les papiers.

Il reste à déterminer le nom de chaque algue en consultant les ouvrages spéciaux et à l'écrire sur la feuille qui les porte. Les plantes marines, desséchées conservent admirablement leur forme et leur couleur; aussi ces herbiers sont-ils bien plus séduisants que ceux de végétaux terrestres. Mais nous devons avouer que la détermination des espèces est ici assez difficile.

Les algues marines sont communément indiquées par leurs couleurs, brunes, rouges, vertes.

Les brunes (mélanospermées) se tiennent dans les grandes profondeurs. Les rouges (rhodospermées) dans les faibles profondeurs. Les vertes (chlorospermées) à la surface des eaux.

Les stations diverses que les plantes occupent dans la mer sont indiquées comme suit :

1. Les plantes que la marée couvre et découvre chaque jour; 2. celles que la marée ne découvre qu'aux syzygies; 3. celles que la marée ne découvre qu'aux équinoxes; 4. celles que la mer ne découvre jamais; 5. celles qui flottent sur la mer; 6. celles qui ne croissent qu'à une profondeur de cinq brasses; 7. celles qui ne croissent qu'à dix brasses; 8. celles qui ne croissent qu'à vingt brasses; 9. celles qui s'attachent sur les terrains sablonneux; 10. celles qui croissent dans la vase ou l'argile; 11. celles qui viennent sur les terrains calcaires; 12. celles qu'on rencontre sur les rochers vitrifiables.

Rien de plus commode, en apparence, que ces désignations artificielles; mais dans la pratique rien de plus incommode, attendu que presque jamais on ne sait d'où proviennent au juste les plantes qu'on recueille sur le bord de la mer ou dans les dragues. Rien n'indique à quelle profondeur elles vivaient, ni la nature du terrain sur lequel elles étaient fixées. Il faut donc en revenir à classification scientifique.

Suivant la *Méthode botanique*, on divise les algues marines en trois classes :

Les phycées ou algues submergées; les lichens ou algues émergées, les byssacées ou algues amphibies.

La flore, ou vie végétale représentée par les

plantes des eaux, n'est connue jusqu'à présent que par 2256 espèces d'algues; mais les travaux des naturalistes sur les divisions, sur les genres, sur les familles, sur les tribus, sur les sections, sont très-nombreux. M. Lamiral les résume ainsi :

« Pour donner une idée de l'état de la science relativement aux plantes marines, nous citons seulement le cadre de trois classifications françaises.

« M. d'Orbigny établit trois familles de phycées :

« 1. Les zoospermées, divisées en 14 tribus avec des sections; 2. les floridées, divisées en 14 tribus avec des sous-tribus; 3. les phycoïdées, divisées en 13 tribus; plus les phycées fossiles.

« MM. Derbès et Solier, de Marseille, dans leur mémoire à l'Institut publié en 1855, établissent treize familles avec des tribus.

« M. Impot, naturaliste à Nantes, forme quatre divisions :

« Les *melanospermeæ*, les algues brunes; les *rhodospermeæ*, les algues rouges; les *chlorospermeæ*, les algues vertes; les *diatomaceæ*, les algues microscopiques, formant vingt-six familles et soixante-quatorze tribus.

« Beaucoup de naturalistes français et étrangers qui se sont occupés des hydrophytes ont tracé chacun un système différent de classification.

« De plus, les plantes sont désignées par des dénominations tirées du grec ancien ; ces noms composés donnent une description conventionnelle de la plante ; mais il faut aussi faire une étude mnémotechnique des noms propres des savants botanistes et inventeurs français, anglais, allemands, suédois, norwégiens, qui ont enrichi les herbiers d'algues que l'on a nommées d'après eux. »

On voit que cette étude est d'une complication absurde.

Mais il y a un moyen simple de l'éluder : c'est de classer ses collections tout simplement en les comparant aux figures des admirables atlas de plantes marines imprimés en chromolithographie par les Anglais et les Allemands.

# CHAPITRE V

## LES ZOOPHYTES

## V

**LES POLYPES — LES PONGES — LES ACTINIES — LES MÉDUSES
LES OURSINS**

L'immense classe des *Zoophytes* est une des plus répandues sur le littoral de la mer. C'est dans ce groupe qu'on doit ranger les polypes, les méduses, les oursins, les étoiles de mer, etc.

Le *polype* est un animal d'une organisation des plus simples. Il se réduit à un estomac enveloppé dans une peau en général assez molle. La bouche est la seule ouverture de ce corps si élémentaire : elle sert aux usages les plus variés. Le plus ordinairement elle est entourée d'une couronne de tentacules, espèce de pattes mobiles dont l'animal se sert pour saisir sa proie.

Les polypes vivent soit isolés, fixés au sol ou errants, soit en groupes plus ou moins nombreux. Tous peuvent se reproduire de deux manières :

par des larves qu'ils rejettent, ou par des bourgeons qui croissent sur eux et constituent bientôt un nouvel animal.

Les *polypes* qui vivent en groupes proviennent constamment d'un polype unique, sur lequel bourgeonnent d'autres individus. De ceux-ci en sortent d'autres à leur tour, et ainsi de suite, si bien qu'au bout d'un certain temps il y en a des milliers étroitement accolés. Le plus souvent les polypes agrégés de cette sorte sécrètent à leur base une substance calcaire qui finit par former une sorte d'axe sur lequel ils sont tous étalés, et qu'on nomme *polypier*.

L'*Éponge*, telle que nous la connaissons, n'est qu'un polypier. Lorsqu'on la retire de l'eau, il en tombe une matière gluante qu'on lave avec soin. Cette matière est la partie animale. On discute encore aujourd'hui la question de savoir si l'ensemble de cette substance gélatineuse qui tapisse pendant la vie la substance feutrée de l'éponge, est un individu unique ou une agrégation comme le corail. Dans nos eaux, surtout dans la Méditerranée, on trouve plusieurs espèces d'éponges, mais ces êtres sont encore très-imparfaitement connus[1].

---

[1] On a tenté, en 1862, l'acclimatation dans nos mers des éponges de Syrie. M. Lamiral, chargé de l'opération, n'a point réussi. Avant d'expérimenter sur un être, il est in-

ZOOPHYTES.

Près de Marseille, à Cassis, on pêche un corail très-estimé, *Corallium rubrum*. Les polypes du corail forment une gaine autour du calcaire rouge que nous connaissons et qu'ils sécrètent eux-

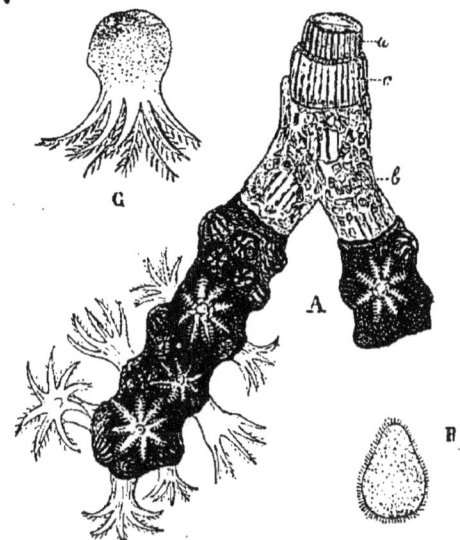

Fig. 15. — Polypes du corail.
A. Branche de corail (*g. nat.*): *a*, axe pierreux; *b*, vaisseaux réticulés, *c*, vaisseaux longitudinaux.
B. Larve errante ciliée. — C. Polype adulte, prêt à se fixer.

mêmes (*fig.* 15). Tous ces animaux communiquent entre eux par des canaux intérieurs, et la nourri-

dispensable de le très-bien connaître, et on ne sait malheureusement que fort peu de chose sur l'éponge. Il faudrait faire, pour l'*éponge*, ce que M. Lacaze-Duthiers a fait pour le *corail*. On recueille, du reste, sur les côtes de Provence (baie de Tamaris) les éponges employées dans nos cuisines.

ture prise par l'un profite à tous les autres. Ils ont cependant leur volonté propre et peuvent exécuter des mouvements bien simples indépendants. Ainsi chaque polype peut se replier en lui-même, rentrant son extrémité blanche et ses tentacules, et ne laissant visible qu'un petit bouton contracté, ou bien, au contraire, s'étaler. Sa dimension et sa forme rappellent alors celles d'un clou de girofle. La partie susceptible de rentrer et les tentacules sont d'un blanc laiteux : le reste est rouge. Cette écorce vivante se sèche à l'air, tombe, et le polypier seul reste.

Le corail de la Provence est moins foncé que celui de la Sardaigne et plus que celui de Majorque. Pline en parle[1]. Cette pêche, exercée uniquement par des Catalans, n'a plus guère d'importance aujourd'hui.

En 1818, on comptait quarante bateaux corailleurs; en 1857, il n'y en eut plus que cinq. MM. Garnier et Bartro avaient importé au dernier siècle l'industrie du corail à Marseille et à Cassis. Elle était prospère vers 1815 : actuellement elle n'emploie qu'une centaine d'ouvriers qui ne font que des objets de pacotille.

La *Pennatule* (*Pennatula grisea*) se rencontre en

[1] *Corallium laudatissimum circa Stæchades insulas.* Les Stœchades comprenaient les îles d'Hyères et de Marseille, Rion, etc.

Fig. 14. — Anémones de mer (actinies).
1. Actinia.
2. Actinia equina.
3. Actina parasitica (*contractée*).
4. Edwarsia.

pleine mer. C'est une agrégation de polypes autour d'une baguette calcaire. L'ensemble rappelle grossièrement une plume (*fig*. 15). Une même Pennatule, selon les observations de M. Lacaze-Duthiers, ne renferme que des individus du même sexe.

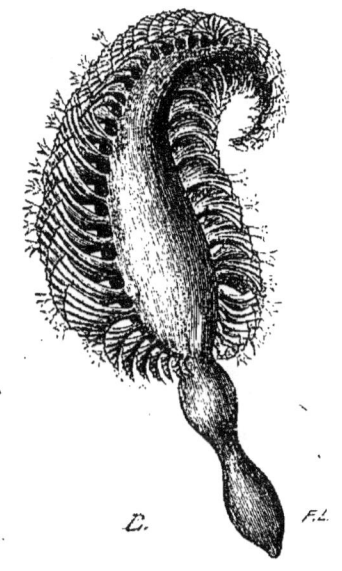

Fig. 15. — Pennatule grise.

Les *Anémones de mer* ou *Actinies* sont de grands polypes isolés. Leur forme générale est celle d'un cylindre dont la bouche est entourée d'un très-grand nombre de tentacules cylindriques, coniques ou ovoïdes. C'est avec ces tentacules qu'ils saisissent leur proie. Lorsque l'animal qu'ils convoient est trop gros pour entrer dans leur bouche, ils projettent leur estomac en dehors, et en enveloppent leur victime.

Bien des fois je me suis amusé à donner aux Anémones de mon aquarium de petits fragments de viande que je déposais au milieu de leur disque : aussitôt, avec leurs mille bras, elles les poussaient dans leur cavité digestive et donnaient les signes de la plus grande satisfaction, balançant de tous côtés leurs tentacules, se redressant et ravivant leurs couleurs.

La plupart des anémones vivent fixées ; cependant il est un groupe, dédié à Milne Edwards, les *Edwarsies*, qui s'enterrent dans le sable.

Quelques Actinies offrent aux yeux les couleurs les plus belles et les formes les plus élégantes ; mais d'autres sont laides et repoussantes, ce qui n'empêche pas qu'on ne les estime comme aliments dans plusieurs de nos départements maritimes. On vend en grande quantité sur les marchés de Rochefort, pendant les mois de janvier, février et mars, l'*Actinia coriacea*. Rondelet dit que l'*Anémone crassicorne* avait à Bordeaux de son temps une grande valeur, et on recherche encore en Provence l'*Actinie verte* (*Anemonia sulcata*), qui est commune dans toutes nos mers : elle est d'un vert foncé et olivâtre.

A Cherbourg, on rencontre le *Bunodes Ballii*

Fig. 16. — Anémones de mer (actinies).

1. Metridium dianthus.
2. Actinia cereus,
3. Sagartia parasitica.
4. Sagartia parasitica (*sur un Bernard*).
5. Bunodes Ballii.
6. Actinia crassicornis.

(*fig.* 15), petite Anémone vert tendre avec la pointe des tentacules cramoisie.

Le *Cubasseau* (*Actinia equina*) pullule dans la Manche sur les pierres que le flot abandonne à

Fig. 17. — Campanulaires.

marée basse. Lorsqu'elle est contractée, elle ressemble à une cloche; sa couleur est rouge violacé ou verdâtre, et ses tentacules sont courts.

Le *Metridium dianthus* est massif et gris roussâtre (*fig.* 16). L'*Anémone parasite* (*Sagartia parasitica*) se fixe sur les coquilles habitées par les Bernards-l'Ermite.

Certains polypiers, les *Campanulaires* (*fig.* 17), qui restent attachés aux roches, donnent naissance à deux êtres différents, les uns semblables à leurs parents, les autres à des champignons de gélatine, ce sont les *Méduses* (*fig.* 18).

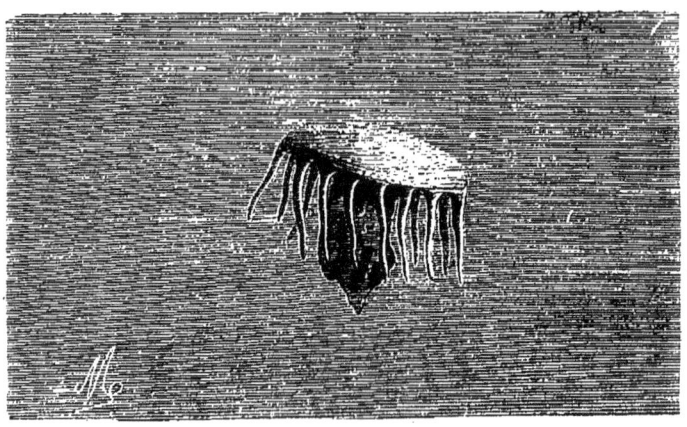

Fig. 18. — Méduse de la Campanulaire (jeune).

La Méduse pond des larves qui se fixent et deviennent des campanulaires. Ainsi les enfants ressemblent ici, non à leurs parents, mais à leurs grands parents.

Les Méduses communes, adultes, sont bleuâtres, frangées de violet, tranparentes, composées de deux parties : une demi-boule ou ombrelle et au-dessous des tentacules (*fig.* 19). Lorsqu'on les touche, on éprouve une forte démangeaison. Elles nagent en contractant et relâchant successivement les bords de leur ombrelle. Nous devons citer

Fig. 19. — Méduse commune.

aussi l'*Eleuthérie* (*fig.* 20), méduse délicate à forme étoilée.

C'est à côté des Méduses qu'on range les *Béroés*, dont le corps est globuleux et porte deux tentacules ramifiés.

On nomme Hydrostatiques des animaux de la même classe qui possèdent une ou plusieurs vessies remplies d'air et flottent ainsi sur les vagues La délicatesse de leurs tissus est admirable; et les figures 21 et 22, représentant deux d'entre

Fig. 20. — Éleuthéries.

eux qui habitent la Méditerranée, peuvent donner quelque idée de l'élégante disposition des polypes qui composent une agrégation.

Les Échinodermes présentent des formes aussi bizarres que les polypes.

Les *Holothuries* (*fig.* 23) ressemblent quelque

peu à des chenilles ou à des sangsues. Leur tête est couronnée d'un faisceau de branchies rameuses.

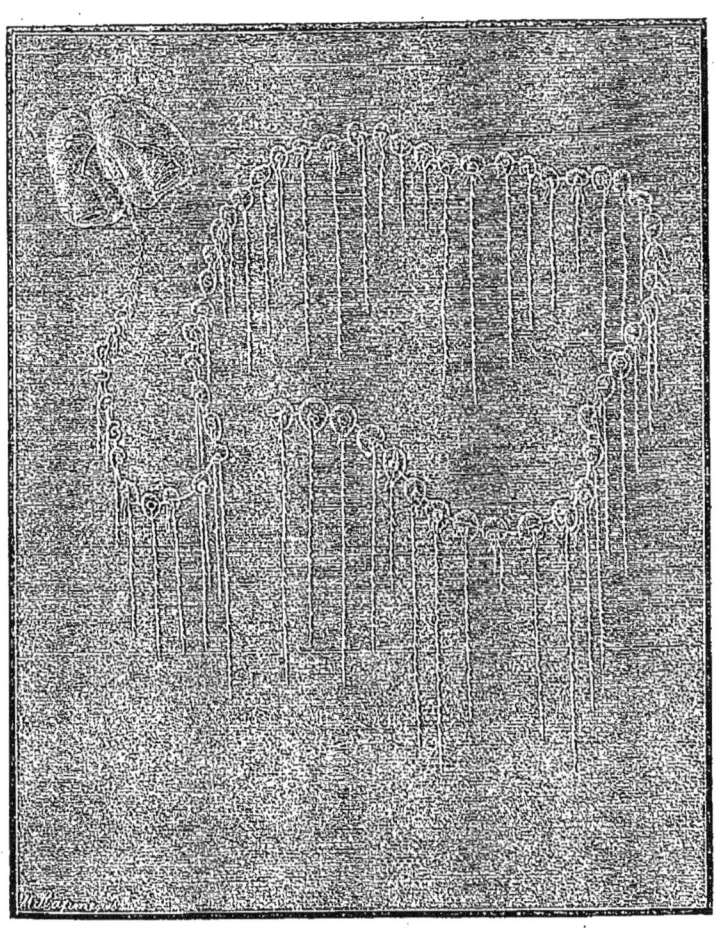

Fig. 21. — Praya diphye (1/2 gr. nat).

On rencontre sur nos rivages l'*Holothurie tubuleuse*, l'*Holothurie pentacle* et l'*Orangée*. M. üller a trouvé, à Marseille et à Villefranche, des larves d'un genre d'Holothurie dont on n'a pas encore

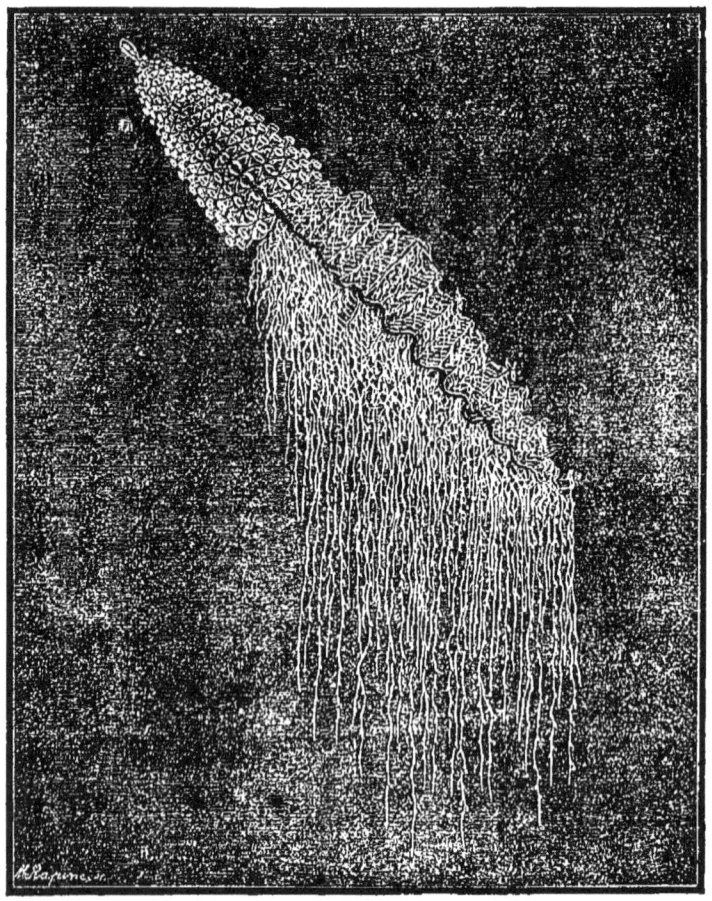

Fig. 22. — Apolémie contournée (1/3 gr. nat.).

rencontré d'individus adultes dans la Méditerranée. Cette découverte est réservée à qui voudra chercher.

Les *Étoiles de mer*, ou *Astéries*, abondent partout. On les divise en astéries proprement dites et *Ophiures*; ces dernières ont les bras grêles, longs, couverts de piquants, tandis que ceux des

Fig. 25. — Holothuries.

Astéries sont presque triangulaires, soudés à la base, glabres ou rugueux.

La statistique des Astéries françaises est encore à faire. En Gascogne, on en connaît six, dont trois Ophiures.

La plus commune de toutes les Étoiles de mer

est rouge (*Astérias rubens*) (*fig*. 24) ; son diamètre est de 10 à 12 centimètres; elle rampe sur le sable et les pierres avec lenteur et prudence. Pour cheminer, elle allonge un de ses bras, l'accroche au sol à l'aide des mille suçoirs qui le hé-

Fig. 24. — Étoile de mer.

rissent, puis le contracte et se tire elle-même ; elle avance alors un autre bras, et ainsi de suite.

Ces pauvres bêtes, mal défendues par leur peau friable, souvent attaquées par les poissons, les crustacés, etc., et toujours vaincues, sont dévorées ou amputées d'une partie de leur bras par leurs ennemis : mais la nature répare promptement leurs pertes, et à la place d'un membre qui tombe, un nouveau apparaît. Bien des fois j'ai trouvé des Astéries qui n'avaient plus qu'un bras

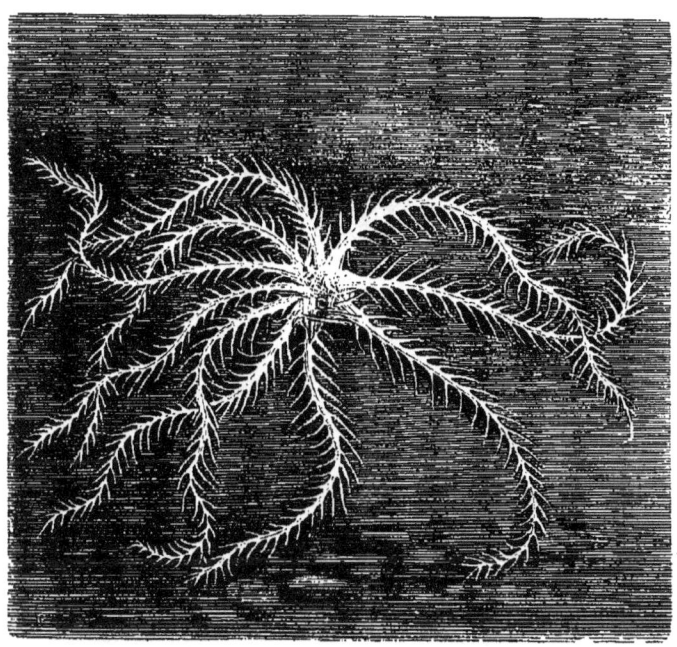

Fig. 25. Ophiure cassante.

de longueur normale et tous les autres rudimentaires.

Cette faculté de reproduire les parties qu'elles perdent n'est pas spéciale aux Étoiles, elle s'étend à tous les animaux inférieurs.

Les Ophiures sont aisées à distinguer des Astéries ; il suffira de comparer la figure 24 avec la figure 25, ou avec celle d'une petite Ophiure du Calvados que nous représentons, pour les reconnaître sans hésiter. Nous avons trouvé cette dernière Étoile (*fig.* 26 grandeur naturelle) sur les écueils

Fig. 26. — Ophiure du Calvados.

qui ne se découvrent qu'aux grandes marées ; peut-être est-elle nouvelle pour la faune française : c'est ce qui nous a engagé à la présenter en dessus et en dessous.

La bouche des *Astéries* est située à la partie inférieure du disque et communique presque directement avec l'estomac, lequel se prolonge dans chaque rayon. Ces animaux, d'une grande voracité, s'attaquent volontiers aux mollusques, les avalant avec leur coquille, s'ils sont petits, et les en arrachant s'ils sont trop gros, par un procédé

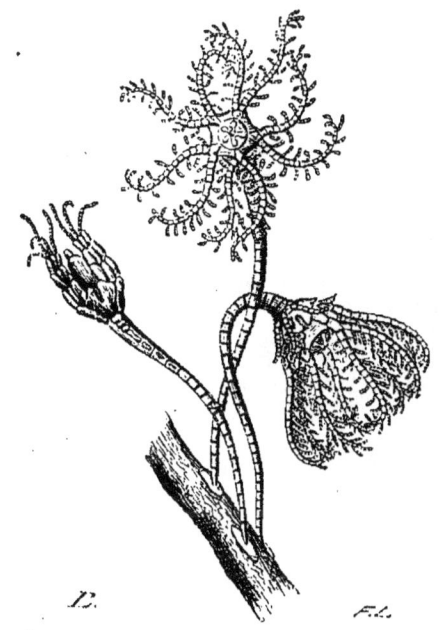

Fig. 27. — Pentacrine d'Europe.

encore mal connu. La bouche des *Ophiures* s'ouvre au milieu de la face inférieure, et l'estomac est contenu tout entier dans le disque.

Il faut rapprocher des Ophiures les *Crinoïdes*, peu communs dans nos mers. Ce sont des Étoiles dont les bras sont plus ou moins ramifiés et formés de pièces articulées les unes avec les autres. Les

Crinoïdes sont fixés sur les algues ou sur le sol, à l'aide d'une longue tige flexible qui chez les uns, persiste toute la vie, et chez les autres, se brise lorqu'ils deviennent adultes. Les premiers, très-rares, s'appellent des *Pentacrines* (*fig.* 27); les seconds, des *Comatules* (*fig.* 28). Sauf l'axe et une

Fig. 28. — Comatule de la Méditerranée.

couronne centrale de petits bras qu'on ne peut voir sur la figure, les Comatules ressemblent beaucoup aux Ophiures.

Les *Oursins* rappellent assez bien par leur aspect, une châtaigne entourée de sa coque épineuse

ZOOPHYTES. 115

(*fig.* 28). Débarrassés de leurs piquants ou tentacules, ils ont la forme d'une boule aplatie dont la surface présente des reliefs et des stries d'une merveilleuse régularité (*fig.* 29 et 30). La cara-

Fig. 29. — Oursin comestible.

pace de l'Oursin est composée d'environ dix mille pièces agencées ensemble, les unes munies de piquants mobiles, les autres percées de trous par lesquels passent des tentacules charnus ou suçoirs. C'est à l'aide de ces derniers que les oursins cheminent; au-dessous du corps, au centre d'une ouverture circulaire, est un curieux appareil auquel on a donné le nom de *Lanterne d'Aristote*, et

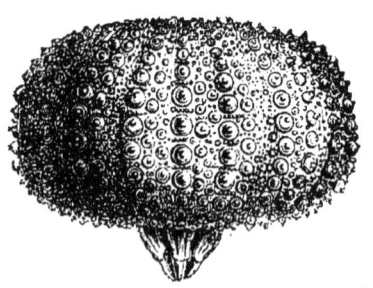

Fig. 30. — Oursin livide, *dépouillé de ses piquants*.

qui n'est autre chose que la bouche. Elle se compose de cinq dents aiguës et blanches soutenues

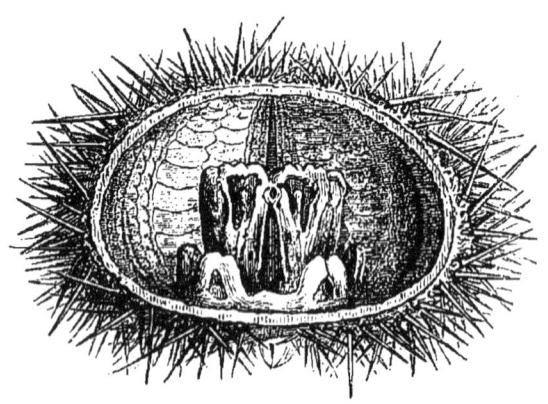

Fig. 31. — Coupe d'un Oursin montrant la *Lanterne d'Aristote*.

et arc-boutées par une série d'osselets intérieurs et mise en mouvement par cinq groupes de muscles (*fig.* 31). Ces dents font saillie au dehors et servent à l'Oursin non-seulement pour déchirer sa nourriture, mais encore, ainsi que l'a démontré M. Caillaud (de Nantes), pour creuser les rochers, et s'y pratiquer une retraite. Leur ana-

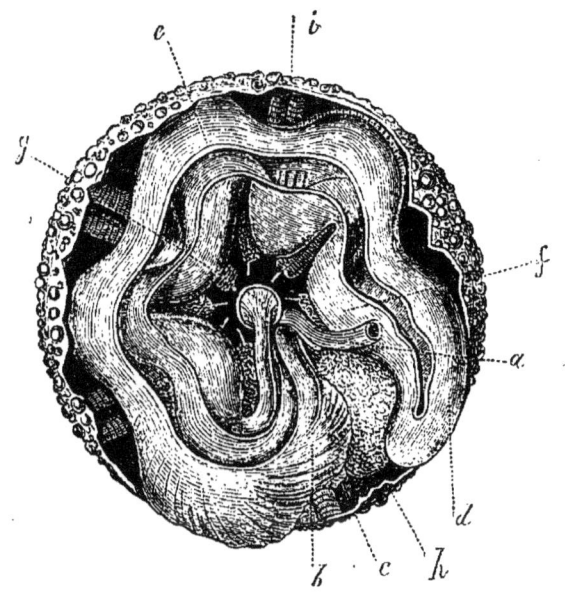

Fig. 31. — Anatomie de l'Oursin.

a, Œsophage, il se coude, forme l'intestin (b); celui-ci, après une première circonvolution (b, c), se replie en d, fait une seconde circonvolution (f), et se termine à l'anus (g); — e. Membrane enveloppant les viscères. — h. Ovaires. — i. Coque.

tomie (*fig.* 32) est intéressante. L'intestin est curieusement contourné.

Il est difficile de dire combien on trouve en France d'oursins différents. Sur les côtes de la Loire-Inférieure, M. Caillaud en a déterminé neuf espèces. On mange l'*Oursin livide* (*Echinus lividus*) (fig. 50), l'*Oursin comestible* (*E. esculentus*) (fig. 29), et l'*Oursin granuleux* (*E. granulosus*), tous trois très-communs. Leur goût et leur couleur après la cuisson rappellent, dit-on, l'écrevisse. On peut aussi les manger crus, à la cueiller, ou cuits dans l'eau bouillante, à la mouillette comme des œufs.

On trouve en abondance, sur les côtes de la Manche entre autres, des Oursins dont la forme rappelle quelque peu celle d'un cœur. Ils sont extrêmement fragiles, couverts de piquants courts et fins, couchés tous du même côté. Chez ceux-ci la bouche est latérale au lieu d'être centrale. Nous donnerons comme exemple la *Spatangus pourprée* (*Spatangus purpureus*), dont on rencontre de si nombreux individus à Tourville et Courseulles.

Nous terminons ici cette rapide esquisse des Zoophytes pour parler des Mollusques.

# CHAPITRE VI

## LES MOLLUSQUES

## V

**LA PIEUVRE — LA MOULE — L'HUITRE — LA POURPRE
LA PORCELAINE — LES ÉOLIDIENS**

De tous les habitants de l'Océan les mollusques sont ceux qui attirent le plus notre attention, grâce à la forme élégante et au coloris brillant d'un grand nombre de leurs coquilles. D'autres sont appréciés surtout comme aliments, soit que leur abondance en fasse la nourriture du pauvre, soit que leur goût exquis les recommande aux classes aisées ou riches.

Le catalogue le plus complet des mollusques de nos côtes a été publié dans le *Journal de conchyliologie* (1860), par M. Petit de la Saussaye. Il comprend 542 espèces; mais le nombre s'en est augmenté depuis par la publication de diverses faunes locales et peut être porté aujourd'hui à 600 espèces environ.

Il ne faudrait pas croire que tous les mollusques soient revêtus de coquilles formées d'une ou de deux pièces, comme le colimaçon et l'huitre ; il y en a beaucoup dont le corps est nu, et ce

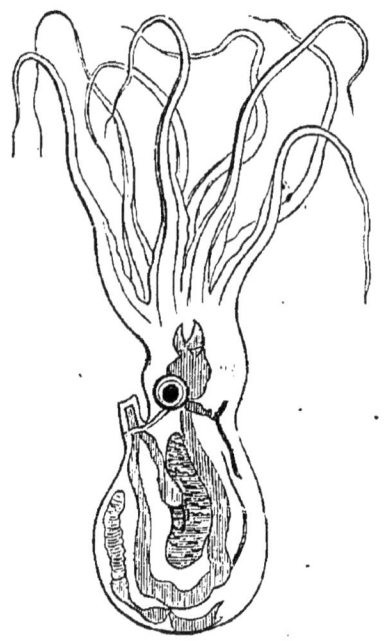

Fig. 33. — Coupe du Poulpe.

ne sont pas toujours les moins intéressants : tels sont le *poulpe*, la *seiche*, l'*aplysie*.

Nous engagerons notre lecteur à prendre un scalpel, des ciseaux, une seringue à injection, et à disséquer un *poulpe*. C'est un des meilleurs exemples à donner de l'organisation des mollusques les plus parfaits, les Céphalopodes (c'est-à-dire tête entre les pieds) (*fig.* 35).

En fendant la bourse, il trouvera de chaque côté, sous une sorte de peau (*manteau*), les branchies,

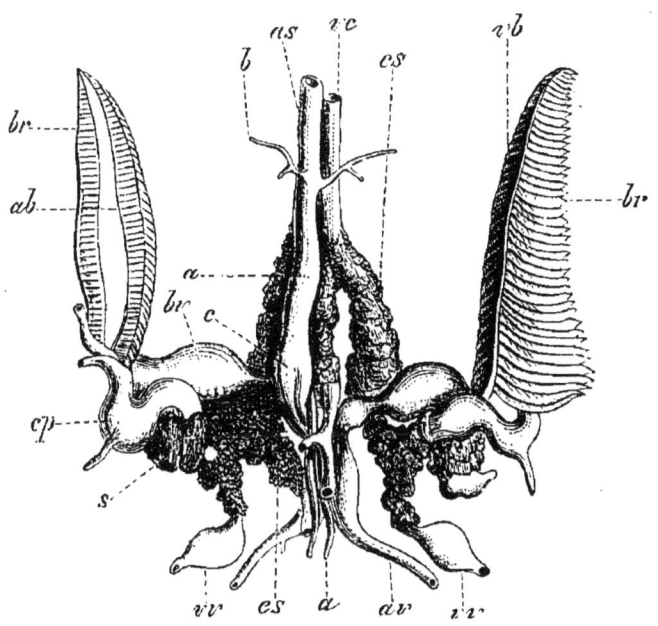

Fig. 34. — Appareil circulatoire du Poulpe.

c, cœur ; — *as*, *av*, artère aorte ; — *b*, petite artère ; — *cp*. cœurs veineux ; — *br*, branchies ; — *vc*, veine cave ; — *bv*, bulbe des veines des branchies ; — *vb*, veines des branchies ; — *cs*, glandes ; — *vv*, veines viscères se dirigeant vers la veine cave.

auxquelles le sang est amené par deux vaisseaux qui se réunissent au milieu du corps dans une petite poche qui constitue le cœur. Ce liquide passe ensuite dans un système veineux composé en partie de vaisseaux proprement dits et en partie de cavités sans parois propres creusées entre les organes. Puis le fluide nourricier pénètre dans des sacs contractiles situés à la base des branchies (*fig.* 34) et qui le lancent dans cet appareil, lequel, comme on le sait, remplit le rôle de poumons.

Les Céphalopodes ont tous un organe particulier qui secrète un liquide brun très-foncé. Dans le danger, ils jettent au dehors de ce liquide, qui teint aussitôt l'eau sur un grand espace, et, à l'abri derrière ce voile, ils peuvent fuir où se cacher.

Pour avancer, ils lancent, en se contractant vivement, l'eau que contient leur manteau par un tube qui sort de la poche derrière les yeux (*fig.* 35, *t*), cette eau forme un jet vigoureux, et comme l'animal se tient alors obliquement, les pieds pendants, le jet frappe l'eau environnante et lui donne une impulsion qui le fait mouvoir; l'eau s'engouffre de nouveau par la fente *o*, ils la relancent, etc. Ces mollusques marchent donc la tête en arrière.

Ordinairement les Céphalopodes se nichent dans les cavités des rochers. Ils se cramponnent avec quelques-uns de leurs bras aux parois de leur grotte, et avec les autres ils enlacent, étreignent et attirent jusqu'à leur bouche les animaux qui passent à leur portée.

Leurs œufs, semblables à des grains de raisin, s'agglutinent autour d'algues et d'épaves (*fig.* 36).

LES MOLLUSQUES.  125

La sonde en ramène parfois d'attachés aux roches à 1,600 brasses de profondeur. On en recueille souvent rejetés sur le sable par les flots de fond.

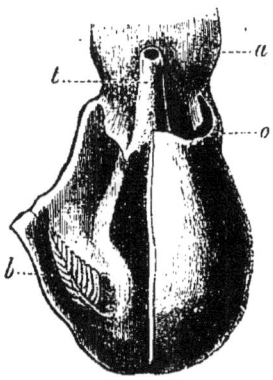

Fig. 55. — Corps du Poulpe fendu.

*a*, base de la tête ; — *b*. une des branchies ; — *o*, une des deux ouvertures latérales du manteau ; — *t*, tube par lequel ressort l'eau qui a baigné les branchies.

En ces dernières années, le *Poulpe* ou *Pieuvre* était devenu l'animal à la mode. Tout le monde

Fig. 56. — Œufs de Céphalopodes.

en parlait, tout le monde le décrivait, tout le monde croyait se le figurer tel qu'il est réellement, depuis que Victor Hugo avait publié *Les Travailleurs de la mer*. Voici la vérité.

C'est un grand et laid mollusque nu, semi-diaphane, qu'on retrouve dans toutes nos mers. Il se compose d'une sorte de bourse ou poche dans le haut de laquelle un étranglement indique le commencement de la tête. Au-dessus de cet étranglement, on voit deux grands yeux à iris doré et à pupille noire, dont la fixité est singulièrement désagréable. La bouche, au sommet de la tête, est munie d'un bec corné, brun foncé, très-comparable à un bec de perroquet, et entouré d'une couronne de grands bras ou tentacules, hérissés de ventouses, ou suçoirs à la face interne, et mobiles dans tous les sens.

Les figures que nous donnons de la Pieuvre, et qui ont été exécutées sous nos yeux, d'après nature, par un de nos plus habiles dessinateurs d'histoire naturelle, M. Mesnel, donnent une idée exacte de l'animal (*fig.* 37 et 38). C'est, du reste, la première fois qu'on le représente, à notre connaissance, avec fidélité. Chez les plus gros individus de nos côtes, la longueur des tentacules varie de 0$^m$,50 à 0$^m$,60, et le corps a 0$^m$,10 ou 0$^m$,12 de diamètre. Il en existe de bien plus grands, mais on ne les rencontre guère que dans les mers tropicales.

Les tentacules, il ne faut pas l'oublier, remplissent uniquement l'office de bras. Les ventouses dont ils sont armés ne servent qu'à les faire adhérer aux objets que l'animal veut saisir et approcher

Fig. 37. — Poulpe ou Pieuvre.

de son bec pour les déchirer. Ce sont des instruments de préhension, et non pas de succion. Au fond de la ventouse de la sangsue sont des dents acérées qui déchirent la peau tuméfiée et font jaillir le sang; rien de semblable n'existe chez le Poulpe.

Bien des fois nous avons pris des Poulpes, et jamais ils n'ont fait que produire une très-légère rougeur aux points de notre bras qu'ils avaient saisis. Leur force est même peu considérable : une simple secousse leur fait lâcher prise. S'ils noient un baigneur, ce n'est point par leur traction, mais parce que l'effroi qu'ils causent paralyse les mouvements.

Les Poulpes sont froids et mous, comme tous les mollusques; ce ne sont jamais des « viscosités plates », comme les *Méduses*. Ils rejettent leurs déjections par le tube et non par la bouche.

Enfin on peut les blesser, les amputer, sans les tuer.

Dans la même classe que le Poulpe vulgaire (*Octopus vulgaris*), on trouve la *Seiche* (*Sepia elegans*), qui s'en distingue par des expensions latérales foliacées qui lui servent de nageoires. C'est de cet animal qu'on tire la couleur brune nommée sépia. Son corps renferme une sorte d'os ovale qui se vend sous le nom de seiche et qu'on met dans les cages des oiseaux pour leur servir à aiguiser leur bec.

Dans leur beau livre sur *le Jardin d'acclimatation*, MM. Amédée Pichot et Moquin-Tandon fils (Olivier Frédol), racontent qu'on voit souvent dans

Fig. 38. — Poulpe à l'affût.

les cuves de l'aquarium de ce magnifique établissement, des œufs de seiche qui forment une grappe de raisin gélatineuse éclore au bout de trois mois, et les petits céphalopodes se promener avec une vivacité extraordinaire dans toutes les parties du bac, allongeant leurs tentacules en tous sens pour chercher leur proie. Ajoutons que ces tentacules, lorsque la seiche est adulte, supportent près de 900 ventouses.

Les variétés de seiches sont nombreuses. Les naturalistes que nous venons de citer mentionnent comme une des plus jolies à étudier, la *Petite Sépiole*. Son corps transparent change à chaque instant de couleurs et prend toutes les teintes irisées du plomb fondu qui se refroidit; ses grands yeux brillants ressemblent à deux diamants, et elle allonge et retire tour à tour les huit tentacules dont sa bouche est garnie. La Sépiole possède, outre ces huit tentacules, deux autres bras beaucoup plus longs, mais qu'on ne voit pas d'ordinaire, parce qu'elle les porte, roulés sur eux-mêmes à l'entrée de sa bouche, comme la trompe d'un papillon. Ces bras ne lui sont pas utiles seulement pour saisir sa proie, mais aussi pour se creuser un trou dans le sable, trou dans lequel elle s'enterre pour attendre ses victimes, laissant sa tête seulement dépasser. M. Pichot nous apprend le procédé dont elle use pour faire ce trou : non-seulement elle se sert de ses bras, mais encore elle dirige un violent courant d'eau sur le sable avec son tube, de façon à le chasser autour d'elle ; lorsqu'une pierre trop grosse vient arrêter ce travail, la Sépiole la prend avec ses deux bras et la lance au dehors ; puis elle continue à s'ensevelir.

C'est aussi à côté des Poulpes qu'on range le Calmar (*Loligo vulgaris, fig.* 39), dont les bras à ventouses sont très-courts, et qui a des nageoires comme la seiche et l'*Argonaute*, habitants de la Méditerranée. Le corps de ce dernier est renfermé dans une petite coquille transparente, admirable de délicatesse, mais à laquelle il n'adhère pas. Deux de ces tentacules sont aplatis : il ne les étend nullement, ainsi qu'on l'a cru, pour recevoir le vent comme des voiles et naviguer ainsi à la surface de la mer ; il s'en sert comme de balanciers.

Tous les Céphalopodes sont mangeables. Le Calmar passe pour le plus délicat. Malgré son répugnant aspect lorsqu'il est vivant, j'ai mangé du Poulpe : sa chair, cuite, est bonne, ressemble à celle du Homard, mais elle est bien plus dure.

Les mollusques à une seule valve, c'est-à-dire d'une seule pièce, dont nous avons divers représentants terrestres, entre autres le Colimaçon, sont nombreux dans la mer.

MOLLUSQUES.   133

La figure 40 donnera une idée de leur anatomie.

Leur corps est en partie caché dans une coquille

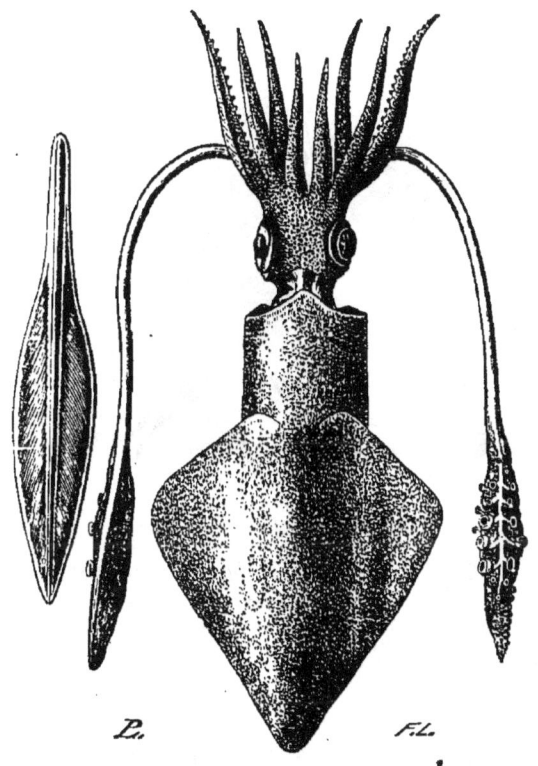

Fig. 39. — Calmar et son os.

en spirale. Le sang, arrivant de l'appareil respiratoire par les artères (*fig.* 41), est chassé par le cœur, va nourrir le corps, puis tombe dans des canaux veineux plus ou moins complets.

Les plus connus de ces mollusques sur nos côtes sont les Rochers (*Murex*); on les voit partout sur les fucus et les algues. Nous citerons entre autres le *Murex erinaceus* (*fig.* 42), hérissé

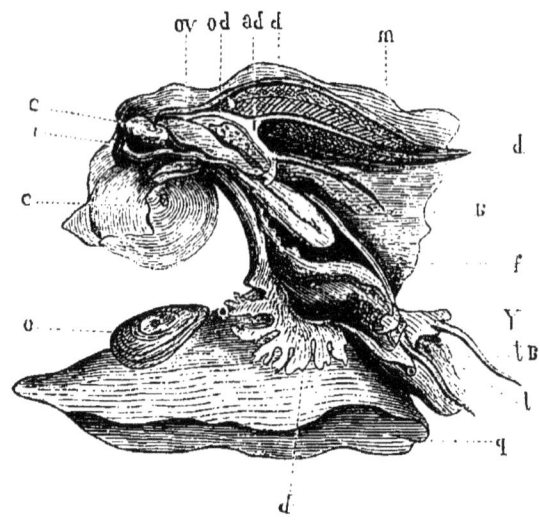

Fig. 40. — Anatomie du *Turbo pica* (univalve).

q le pied, — o, l'opercule; — t, trompe; — Y, yeux; — m, manteau (fendu) — f, bord du manteau, qui laisse sur le dos de l'animal une ouverture par où l'eau pénètre jusqu'à la branchie d; — ad. artère; — c, cœur; — B, anus; — I, intestin; — d, membrane frangée; — e, estomac et foie; — OV, oviducte.

d'excroissances calcaires en forme de gouttières, de rognons, etc.

Dans les flaques d'eau, aux environs de Trouville, etc., on trouve assez souvent une petite coquille presque globuleuse, couleur chair, marquée seulement d'une spirale de virgules brunes: c'est la *Néritine strigillée*. A côté d'elle est un autre tout petit univalve de la forme d'un grain de café, rose aussi, parfois maculé d'une ou deux petites taches noirâtres et couvert de sillons. C'est un des très-rares représentants dans nos mers de la brillante famille des *Porcelaines*, la *Coccinelle* (*fig.* 43).

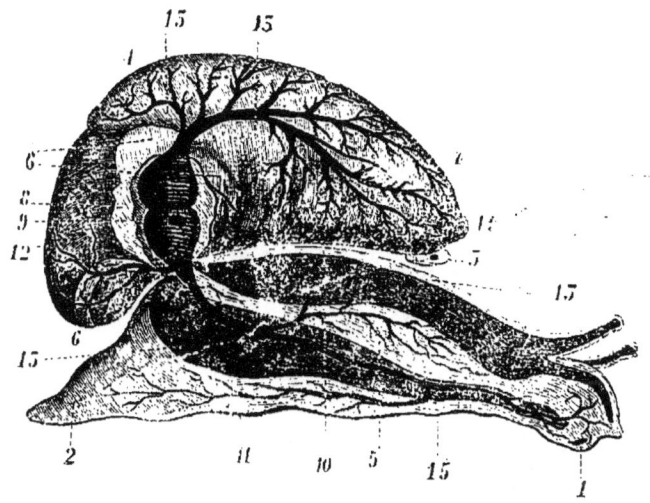

Fig. 41. — Anatomie du Colimaçon.

1, la bouche; — 2, le pied; — 3, l'anus; 4, poumons; — 5, estomac; — 6,6, intestins; — 8. vaisseau; — 4, cœur; — 10. artère aorte; — 11, artère du pied; — 12, foie; — 13, veine pulmonaire; — 14, organes abrités par la coquille; — 15, lacune dans l'abdomen.

Sur les herbes grimpent de petites boules jaunes ou brunes, qui paissent avec ardeur les plantes tendres et succulentes; on les nomme *Nérites*. Sur les varechs aussi sont des *Murex* et des *Pleurotomes* grisâtres, qui, pendant la marée basse, s'accumulent par troupes dans les plus petites fissures, sous les moindres saillies des rochers.

Puis on rencontre un grand mollusque des plus communs, le *Buccin ondé* (*fig.* 44), à la coquille ondulée et blanche : ou bien la *Pourpre des teinturiers*, qui sécrète un liquide colorant (*fig.* 45).

Fig. 42. — Murex érinacé. Bigorneau perceur.
(D'après nature; Jardin d'acclimatation.)

C'est là encore que les enfants et les femmes vont, à marée basse, recueillir le Vignot (*Turbo littoreus*), à tête noire et rude, qu'on mange vivant en l'arrachant de sa coquille avec une épingle, et le *Bigorneau perceur* (*fig.* 42), dont la coquille est

MOLLUSQUES. 137

couverte de stries qui la divisent comme un damier.

Dans les eaux plus profondes, à Brest surtout, on trouve l'*Haliotide*, à coquille merveilleusement nacrée à l'intérieur.

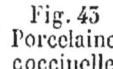
Fig. 43
Porcelaine
coccinelle.

Les *Calyptrées* abondent partout. On sait que les mollusques en général abandonnent

Fig. 44. — Buccin ondé.
(D'après nature ; Jardin d'acclimatation.)

leurs œufs. La Calyptrée, elle, les dépose sous son ventre et les conserve comme emprisonnés entre son pied et le corps étranger auquel elle adhère. L'espèce de capsule calcaire ou coquille qui recouvre l'animal fournit donc indirectement un abri à sa génération. M. Milne Edwards, auquel est due cette observation, dit que les jeunes Calyptrées se développent sous cette espèce de toit et ne le quittent que lorsqu'elles sont en état de se fixer et défendues elles-mêmes par une coquille.

La forme des Calyptrées est celle d'un cône, d'un bouclier : elles se tiennent appliquées contre les récifs, et on ne peut, même en y mettant toute sa force, les arracher : il faut, pour les

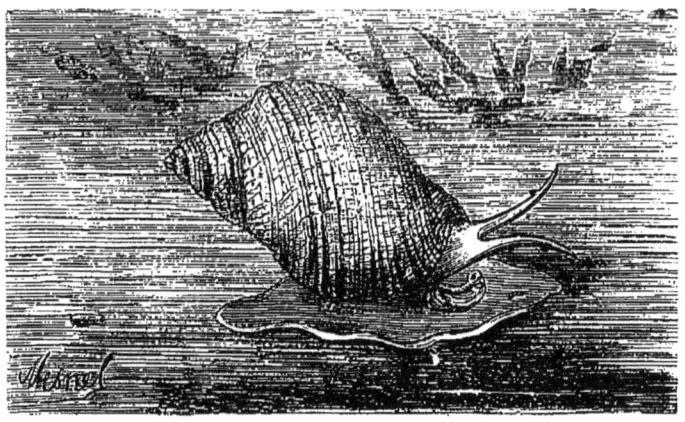

Fig. 45. — Pourpre des teinturiers.
(D'après nature; Jardin d'acclimatation.)

prendre, introduire une lame de couteau entre les mollusques et la pierre; encore ne réussit-on pas toujours.

Les enfants s'amusent sur le bord de la mer à recueillir les Calyptrées et les *Patelles* (*fig.* 46), dont la forme est à peu près la même, mais qui sont bien plus communes; ils se servent de ces coquilles pour puiser de l'eau, faire des boîtes ou des chapeaux de poupée. Les paysans des côtes bretonnes recueillent de grandes quantités de patelles, les font cuire et trempent une soupe avec l'eau de cuisson et l'animal lui-même, détaché de

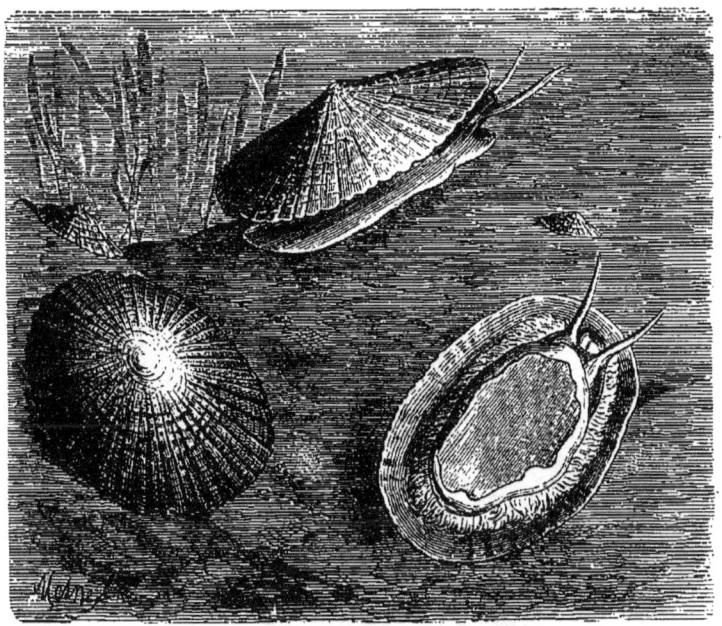

Fig. 46. — Patelle vulgaire.
(D'après nature.)

son test. La façon dont les habitants de Locmoriaquer préparent ce potage a même une certaine célébrité en Bretagne; mais nous doutons qu'il soit jamais très-estimé des palais délicats, et nous croyons que la seule préparation admissible des patelles est celle proposée par M. Charles Bretagne, et qui consiste à les faire blanchir, puis saler et aromatiser, et enfin confire dans de l'huile pour s'en servir comme hors-d'œuvre.

D'autres mollusques portent leurs œufs collés autour de leur corps en anneaux, comme le *Taret*

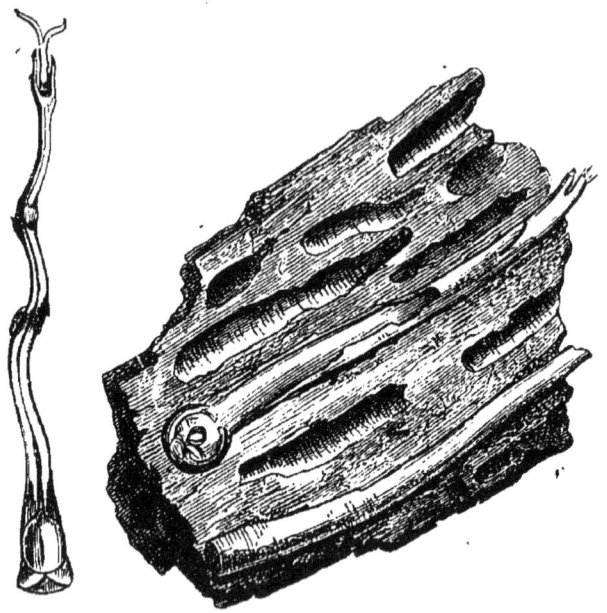

Fig. 47. — Taret et fragment de poutre perforé par cet animal.

(*fig.* 47). Les bivalves les portent dans les replis du manteau.

Parmi les plus beaux univalves de la Méditerranée, nous citerons le *Triton scrobiculé*, la *Ranelle géante*, dont la coquille planche atteint 12 cent., le *Murex fascié* et la *Tonne cannelée*, le plus grand coquillage de nos côtes.

En Provence, on mange le Murex fascié. Les pêcheurs le prennent soit à l'aide de l'hameçon, auquel il se cramponne et s'accroche par le pied, soit à l'aide de petits paniers d'osier, dans lesquels on place comme appas des morceaux de poumon.

Les bivalves, moins variés que les univalves, pullulent davantage. Aux environs de Deauville, de Beuzeval, de Pouliguen, leurs coquilles, abandonnées par les flots, forment sur le rivage d'immenses amas.

Les uns s'enfoncent dans le sable à l'aide d'un pied musculeux qu'ils font sortir de leurs valves entre-baillées ; tel est le *Cardium edule* (Maillot, Sourdon, Coque ou Rigadot, selon les côtes), que l'on vend sur le marché de Paris sous le nom de *coque* (*fig.* 48) ; telles sont aussi les *Mactres*, les *Solens* (*fig.* 53), etc. D'autres percent les roches les plus dures, s'y creusant des cavernes parfaitement appropriées à leur corps et qu'ils augmentent à mesure qu'ils grossissent. Comment s'y prennent-ils pour percer la pierre ; Les savants discutent encore ce point. Les *Pholades* (*fig.* 49), les *Mies* (*fig.* 50) habitent ainsi les rochers de la Manche et de l'Océan ; les Lythodomes (*Lythodomus dactylus*), ceux de la Méditerranée[1].

[1] Parmi les plus curieux mollusques perforants, citons le

D'autres bivalves, enfin, se fixent sur le rocher soit en sécrétant une substance calcaire, soit en filant une espèce de byssus, comme les *Huîtres*,

Fig. 48. — Carde comestible (coque).
(D'après nature; Jardin d'acclimatation.)

les *Moules*, les *Jambonneaux*, ou vivent gisants sur le sable (*Peignes*) (*fig.* 51),

*Taret* (*fig.* 47), qui est presque nu (sa tête seule est abritée) et qui perfore néanmoins les matières les plus dures. Il abonde près de Saint-Jean-de-Luz. Nous avons fait dessiner un fragment de bois creusé par cet animal (p. 140). Au dix-huitième siècle, les tarets ont rongé les digues de la Hollande, cette contrée faillit être inondée par les flots, et on dut dépenser des millions pour arrêter la destruction.

Les anciens prisaient fort comme nous, le goût des Mollusques à coquille. Horace dit dans une de ses satires : « Votre ventre paresseux est-il obstrué, les *Moules* et d'autres menus coquillages vous feront évacuer… Les nouvelles lunes remplissent les coquillages rafraichissants, mais toute la mer n'en produit pas d'un égal renom. Au

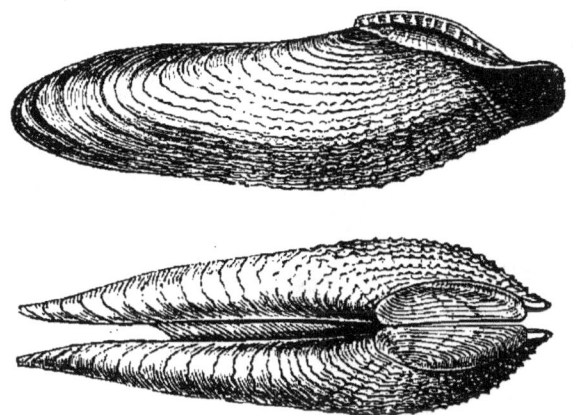

Fig. 49. — Pholade dactyle.

*Murex* de Baïes il faut préférer la *Palourde* du Lucrin. Les *Huîtres* se trouvent à Circé, les *Oursins* à Micène, et les larges *Pétoncles* font l'orgueil de la voluptueuse Tarente… ; » et Sénèque disait de ses contemporains qu'ils « arrachaient des coquillages aux bords sans nom de la mer la plus reculée. »

Aujourd'hui, leur réputation ne s'est pas amoindrie. Aussi leur commerce a-t-il une véritable importance, et leur pêche est-elle une source de prospérité. Nous parlerons, dans un chapitre spécial, des essais tentés pour multiplier les Huîtres et les Moules. Le *Cardium edule (fig.* 48), répandu

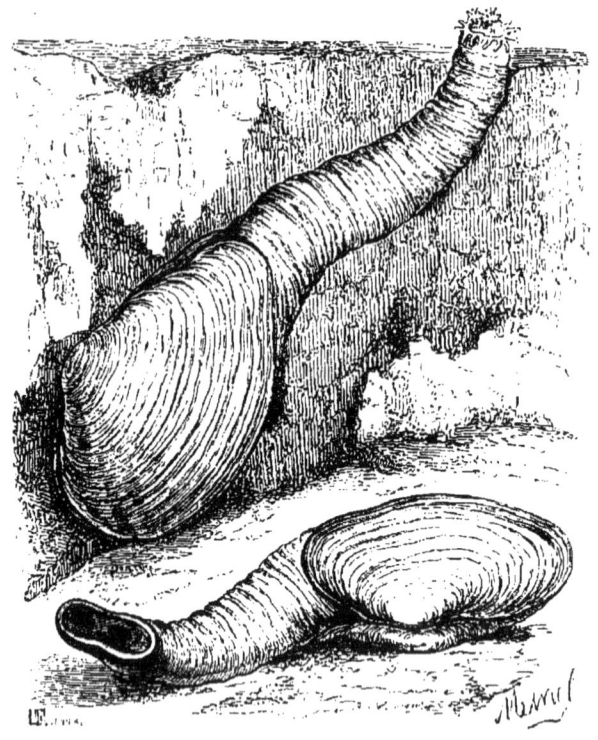

Fig. 50. — Mie des sables (*debout* et Mie trocquée (*couchée*).
(D'après nature; Jardin d'acclimatation.)

sur nos côtes à foison, et presque partout négligé, est récolté dans le Languedoc par les femmes et les enfants. A Arcachon, on en vend pour plus de 12,000 francs par an. Plus d'une fois, on a proposé d'en entreprendre l'élevage et l'engraissement dans des parcs spéciaux à fond de sable (ce qui serait facile, vu ses habitudes sédentaires), mais nous ne croyons pas que cette idée ait jamais été

Fig. 51. — Peigne (Pétoncle) ou Coquille de saint Jacques.
(D'après nature : Jardin d'acclimatation.)

mise en pratique. Qu'il nous soit permis de citer à son propos une bien jolie page de Nodier (dans *la Fée aux miettes*) : « C'est cette petite coquille à sillons profonds et rayonnants, dont les valves rebondies, et comme lavées d'un incarnat pâle, ornent si souvent le camail grossier du pèlerin.

On l'appelle la *coque*, et sa recherche est devenue pour les habitants du rivage, une de ces innocentes industries qui n'offensent au moins le regard de l'homme sensible, ni par l'effusion du sang, ni par la palpitation des chairs vivantes. L'attirail du pêcheur est tout simple. Il se réduit à une résille à mailles serrées qui pend sur son épaule, et dans laquelle il jette par douzaines son gibier retentissant; et puis à un bâton, armé d'une pointe de fer un peu crochue, qui sert à la fois à sonder le sable et à le retourner. Un petit trou cylindrique, seul vestige de vie que les vagues aient respecté en se retirant, lui indique le séjour de la coque, et, d'un seul coup de pic, il la découvre ou l'enlève. C'est de là qu'il montait à la face de l'Océan, le pauvre petit animal, sur une de ses écailles, voguant en chaloupe, et sous l'autre dressée comme une voile. Il y a aussi là-dedans une âme et un Dieu, comme dans toute la nature; mais l'habitude a si vite appris aux enfants que rien n'est délicieux comme la coque, fricassée avec du beurre d'Avranches et des fines herbes[1] ! »

Sur les côtes, du reste, on mange presque tous les coquillages, mais malheureusement, seuls, les Moules, les Cardes, les Peignes, les Vignots (*fig.* 51), et les Huîtres arrivent à Paris.

Il en est pourtant sur nos côtes un bien plus

[1] *La Fée aux Miettes*, par Ch. Nodier (éd. Renduel), p. 85.

MOLLUSQUES. 147

grand nombre qu'il y aurait avantage à introduire dans l'alimentation parisienne. Sans parler de l'exquise *Clovisse*[1] et du *Murex* méditerranéens,

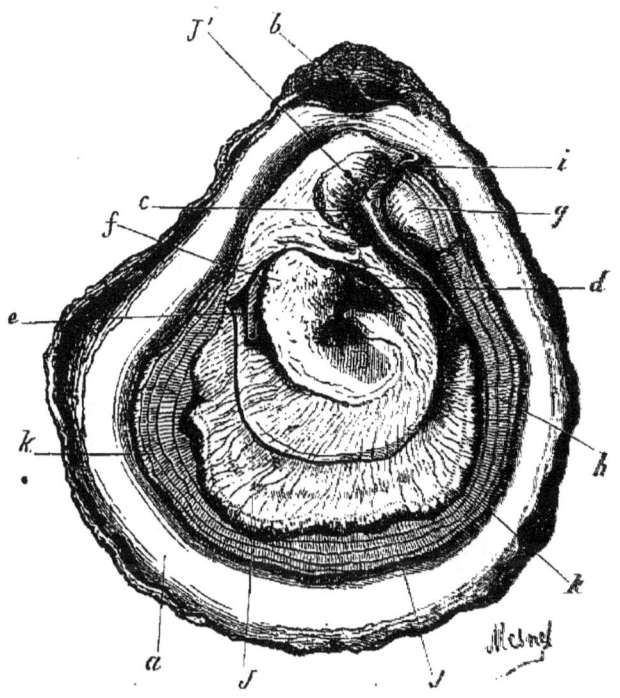

Fig. 52. — Anatomie de l'Huître (bivalve).

l'une des valves ; — *b.* charnière ; — *k*, bord frangé du manteau ; — *f*, muscle de la coquille ; — *h*, branchies ; — *c*, foie ; — *e*, anus ; — *d*, cœur, — *i*, bouche ; *g*, palpes buccaux.

[1] La *Clovisse* des Marseillais, qu'on confond souvent à tort avec la *Venus mercenaria*, est très-rare aujourd'hui. On la rencontre encore au cap d'Arcachon et à l'étang de Thau ; mais la plupart des individus, en vente sur les marchés de Marseille, proviennent du bassin de la Réserve, dans lequel on en a jeté des cargaisons qui se reproduisent comme dans un parc naturel.

nous citerons deux mollusques dont la valeur culinaire égale presque celle de l'Huître : nous voulons parler de la *Prairie double* (*Venus verrucosa*), de la Méditerranée, et de la *Clovisse d'Océan* (*Tapes decussata*), que les pêcheurs de la Loire-Inférieure désignent sous le nom de *Palourde,* appliqué au Peigne par les Romains. A Bordeaux, ce coquillage se vend de 20 à 30 centimes le cent. Il est donc un peu plus cher que la coque (*Cardium edule*), qu'on se procure à Paris pour 10 centimes le litre, et à Bordeaux moyennant 10 à 20 centimes le cent, mais c'est un aliment mille fois supérieur et qui devrait être admis sur toutes les tables; soit cru, soit assaisonné comme les Moules. Quant à la Prairie double, non moins délicate, elle ne saurait faire l'objet que d'un commerce assez restreint, car elle est aujourd'hui fort rare. Facile à découvrir par les traces qu'elle laisse sur le sable, elle est une proie aisée pour les amateurs, et il n'en manque pas. Aussi ont-ils fini par en dé-

Fig. 53. — Couteau.

peupler presque entièrement les côtes de la Provence, et des spéculateurs ont songé à établir des parcs de *Prairies* sur le territoire de Monaco. Souhaitons que ce projet reçoive exécution.

La forme des bivalves est des plus variées : les deux valves sont tantôt rondes, tantôt ovales, tantôt allongées comme de demi-tuyaux (Couteau, *Solens vulgaris; fig.* 55). Leur anatomie est très-curieuse. La figure 52 montre la disposition et la forme des divers organes de l'Huître (bivalve sédentaire) et nous évitera une longue et fastidieuse description anatomique.

### ÉOLIDIENS

Outre les Mollusques nus dont nous avons déjà parlé, il en est d'autres bien plus petits, qui rampent au fond des eaux ou vivent réunis en masses compactes sur les pierres et les algues. Il en est de ravissants comme coloris : le dessin ne peut en donner qu'une bien faible idée.

Nous signalerons les *Aplysies* ou *Lièvres de mer* (*fig.* 54), qui rampent sur les plantes marines et qui exhalent une odeur désagréable. Il y a des Aplysies d'assez grande taille dans la Manche : telle est l'*Aplysie cuivrée*.

Près de Bréhat, on trouve l'Amphorine d'Albert,

qu'a décrite M. de Quatrefages. L'animal est al-

Fig. 54. — Aplysie ou Lièvre de mer.
(D'après nature ; Jardin d'acclimatation.)

longé; sa tête est grosse et haute; ses yeux petits

Fig. 55. — Éolidiens.
(Grandeur naturelle de ceux représentés fig. 56 et 59.)

violets, situés derrière les cornes. Les branchies

extérieures ont la forme, les unes d'urnes la-

Fig. 56. — Éolidien de la Méditerranée.
(D'après un dessin inédit de M. de Quatrefages.)

crymales, les autres d'amphores. Il y en a douze

Fig. 57. — Actéon des côtes de la Manche.
(D'après un dessin inédit de M. de Quatrefages.)

sur deux rangs. Le tout est d'un blanc de lait

avec des raies jaune d'or, et long de *deux milli-mètres*.

M. de Quatrefages a bien voulu nous communiquer les dessins que nous reproduisons et qui

Fig. 58. — Jeune mollusque nu.
(D'après un dessin inédit de M. de Quatrefages.)

donneront une idée des admirables formes de ces êtres presque imperceptibles (*fig.* 56, 57 et 59). Un fait très-curieux est que, dans leur jeune âge, les *mollusques nus* ne sont point nus, mais sont enveloppés dans une coquille du cristal le plus fin, dont l'ouverture est munie d'un opercule (*fig.* 58), et nagent à l'aide d'une collerette de cils vibratiles qui entoure la bouche.

Les branchies que ces animaux portent sur leur

Fig. 59. — Éolidiens.
(D'après un dessin inédit de M. de Quatrefages.)

dos affectent mille formes. Ici ce sont des œufs, là des palettes, là des cornichons. Les tentacules ressemblent à des cornes, à des bambous, etc., et les couleurs ne varient pas moins.

Les *Éolidiens* (*fig.* 56 et 59) sont querelleurs et voraces ; souvent ils se battent, se déchirent et se mutilent, mais leurs membres repoussent rapidement.

Chez certains mollusques nus, les branchies

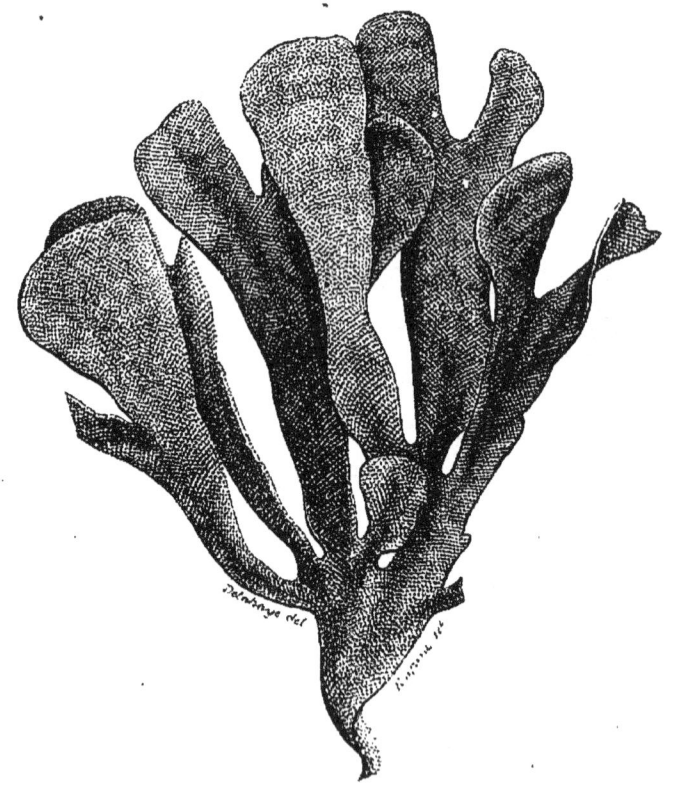

Fig. 60 — Flustre foliacée.

servent, non-seulement à la respiration, mais encore à la natation ; telles sont les *Syllies* et les *Glauques*, mais la plupart rampent seulement parmi les varechs.

Les mollusques agrégés ressemblent beaucoup par leur genre de vie et leur aspect aux Polypes agrégés; ils n'en diffèrent que par la perfection de leurs organes. Nous citerons comme exemple la *Flustre foliacée* (*fig.*60), étudiée jadis par Bernard de Jussieu, et qui semble une plante marine découpée dans du feutre à poil ras.

# CHAPITRE VII

**LES MOLLUSQUES CULTIVÉS**

## VII

#### I. CULTURE DE L'HUITRE

Il n'est pas une seule mer, peut-être, qui ne nourrisse une ou plusieurs espèces d'Huîtres.

Accrochés à toutes les anfractuosités sous-marines, fixés à toutes les parties solides du fond, ces mollusques sont réunis en masses innombrables qui reçoivent le nom de *bancs*.

Ces bancs ont parfois une étendue de plusieurs kilomètres. En 1819, on en découvrit un près d'une des îles de la Zélande qui, pendant un an, alimenta les Pays-Bas avec une telle abondance que le prix des Huîtres était tombé à 1 franc le cent. Malheureusement ce banc, situé peu profondément, fut détruit par les froids rigoureux de 1820.

On mange surtout, en France, les espèces suivantes :

Sur les côtes de l'Océan, l'*Huître commune* (*Ostrea edula*) et le *Pied-de-cheval* (*O. hippopa*).

L'Huître commune comprend deux variétés : l'Huître de *Cancale* et celle d'*Ostende;* la première, après avoir séjourné dans un parc, prend le nom d'huître de *Marennes.*

Sur les côtes de la Méditerranée, l'*Huître rosacée* (*O. rosacea*) et l'*Huître de Polacestion* (*O. lacteola*) et l'*Huître crétée* (*O. stentina*).

Enfin, en Corse, l'*Huître lamelleuse* (*O. lamellosa*).

Au mois de février, les pêcheurs de nos côtes commencent la pêche des Huîtres. Le nombre des embarcations qui se réunissent sur un même banc varie suivant son importance. Elles sont surveillées par une *péniche garde-côte* qui donne à heure fixe le signal de la pêche. Les pêcheurs se servent partout de la *drague.* Cet engin se compose d'une sorte de cadre de fer, très-lourd, auquel est attachée une poche en filet (*fig.* 61). La partie inférieure de la drague est tranchante : c'est une sorte de couteau qui racle le fond lorsque la drague est traînée à la remorque par le bateau, arrachant tout ce qu'il rencontre et jetant pêle-mêle, dans le filet, huîtres et zoophytes. De temps en temps on retire la drague, on verse le produit sur le pont et on procède au triage. Les Huîtres qui n'ont pas la taille voulue par les règlements sont, ou rejetées à la mer, ou réservées, comme on le fait à Cancale, pour être élevées dans des parcs.

Les commissaires des pêches inspectent chaque année les bancs pour reconnaître ceux dont on peut permettre l'exploitation. Malgré ces précautions, l'action brutale de la drague, qui dé-

Fig. 61. — Drague.

truit les nouvelles générations fixées sur le banc. et, labourant le sol, envase et fait périr les jeunes mollusques isolés, a déjà produit des résultats désastreux.

Dans un rapport qu'il adressait à l'empereur en février 1858, M. Coste, le savant professeur du Collège de France, s'exprimait ainsi :

« L'industrie huitrière tombe dans une telle décadence que, si l'on n'y porte un prompt remède, on aura bientôt épuisé la source de toute production.

« A la Rochelle, à Marennes, à Rochefort, aux îles de Ré et d'Oléron, sur vingt-trois bancs formant naguère l'une des richesses de cette portion de notre littoral, il y en a dix-huit de complètement ruinés, pendant que ceux qui fournissent encore un certain produit sont gravement compromis.

« La baie de Saint-Brieuc, si admirablement et si naturellement appropriée à la reproduction de l'Huitre, et qui portait autrefois, sur son fond solide et toujours propre, quinze bancs en pleine activité, n'en a plus que trois aujourd'hui, dont avec vingt bateaux on enlèverait en quelques jours jusqu'à la dernière coquille, tandis que, au temps de la prospérité du golfe, plus de deux cents barques, montées par quatorze cents hommes, étaient occupées, chaque année, du 1$^{er}$ octobre au 1$^{er}$ avril, et y trouvaient de 3 à 400,000 francs de récolte.

Il en est de même dans la rade de Brest et sur les côtes de Bretagne. A Cancale et à Granville, par suite de la mise en pratique du principe des *coupes réglées* des exploitations par zones successives, emprunté aux forestiers, on modère le déclin des bancs, mais sans l'arrêter pourtant.

M. Coste ne se contenta pas de démontrer la

perte prochaine qui menaçait nos pêcheries d'Huîtres, il proposa le remède. Il demandait à tenter sur nos côtes ce que les Italiens font dans le lac Fusaro, près de Naples, depuis le temps d'Auguste, c'est-à-dire la création de bancs artificiels. Le gouvernement ordonna que l'expérience fût faite sous la direction de M. Coste, dans la baie de Saint-Brieuc. En mars et avril 1859, trois millions d'Huîtres furent distribuées sur dix gisements longitudinaux, répartis eux-mêmes dans les divers points du golfe, et représentant ensemble une superficie de mille hectares. Mais il ne suffisait pas d'avoir placé le coquillage dans les conditions les plus favorables à sa multiplication, il fallait encore recueillir la progéniture et la contraindre à se fixer sur les bancs. On eut recours pour cela à deux artifices. Le premier consiste à paver d'écailles d'huîtres, ou de tout autre coquillage, le fond de la baie exploitée, de manière à ce qu'il ne puisse y tomber un seul embryon sans qu'il rencontre un corps solide pour s'y fixer. Le second moyen est de couler des fascines ou fagots de 2 à 3 mètres, lestés en leur milieu à l'aide d'une pierre et disposées en travers, comme des barrages d'une extrémité à l'aide de chaque gisement. Les jeunes Huîtres, la *semence* ou *naissain*, entraînés par les courants, viennent s'arrêter et se fixer entre les branchages.

« A peine quelques mois s'étaient-ils écoulés, dit M. Coste, que déjà les promesses de la science se traduisaient en une saisissante réalité : tout ce que la drague ramenait était chargé de naissain, les côtes même en étaient inondées. »

Malheureusement, il n'est pas prouvé que les Huîtres détachées se recollent au sol; de plus, un nombre immense de jeunes sont dévorés; car, par cela même que les Huîtres sont faciles à recueillir pour les pêcheurs, elles sont aisément découvertes, détruites, brisées par leurs ennemis naturels, et envahies par les Crabes et les mollusques perforants.

Le gouvernement voulut organiser ces expériences sur une plus grande échelle encore. On créa un parc modèle à Arcachon, et d'immenses huîtrières furent établies le long de l'île de Ré et dans la rade de Toulon[1].

On avait espéré obtenir annuellement à Arcachon 800 millions d'Huîtres, valant 14 à 15 millions de francs; en réalité, on n'en a pêché que 30 millions, valant 376,000 francs, et encore chaque année est-on obligé de rapporter de nouvelles Huîtres pour peupler les bancs. On a calculé

---

[1] Les huîtrières de Ré sont, dit-on, un peu en déclin ; les vases qu'apporte la mer sans répit sont un ennemi que les pêcheurs ne peuvent vaincre qu'à l'aide de dépenses immenses.

qu'on rencontrait environ 8 mollusques par mètre carré, ce qui semble prouver que le naissain ne se recolle pas au fond et est balayé au large par les courants. Le gouvernement et les concessionnaires de parcs ont essayé alors d'employer divers systèmes de récolte qui ont échoué à peu près en certains points de Bretagne et complètement échoué

Fig. 62 — Morceau de bois chargé d'huîtres.

dans d'autres. Il en est résulté qu'il s'est créé deux industries différentes : ici on fait seulement l'élevage des jeunes huîtres; là, au contraire, on se borne à acheter le naissain de ces producteurs pour l'engraisser; on a ainsi obtenu, ainsi que le constate M. Bouchon-Brandely, des résultats magnifiques, qui ont enrichi beaucoup de riverains et amené déjà une baisse de prix des huîtres à Paris.

Dans le lac Fusaro, on ne retient le naissain

qu'à l'aide de pieux et de fascines; c'est aussi ce qu'on fit d'abord à Saint-Brieuc; mais depuis, les procédés se sont perfectionnés, on a inventé divers appareils pour éviter toute perte de jeunes Huîtres, et on renonce aux fascines, trop aisément entraînés par les courants profonds.

Lorsqu'on opère sur des fonds déjà ensemencés, on emploie, pour multiplier les Huîtres qui les garnissent, des tuiles en forme de demi-tuyaux. On enfonce dans le sol des piquets qu'on relie par des traverses. Sur cet échafaudage on place les tuiles, la concavité en dessous. Tantôt elles se touchent et sont horizontales, tantôt elles sont obliques, tantôt parallèles, tantôt croisées. C'est à la face concave que se fixent les jeunes Huîtres.

Au-dessus du fond vaseux, on peut établir un plancher mobile. Si l'on a soin de couvrir les planches avec des coquilles, des branchages, et tout ce qui peut augmenter le nombre des aspérités de leur surface, on obtient que les petites Huîtres se fixent dessus. On peut alors les enlever, les remorquer par mer ou les emporter dans des vases d'eau, et les porter ainsi partout où l'on veut créer des bancs artificiels.

On trouvera, du reste, l'explication détaillée de ces appareils, dans le grand ouvrage de M. Coste: *Exploration du littoral de la France et de l'Italie.*

Les Huîtres mettent trois ans à se développer. Au bout de ce temps, elles sont assez grandes pour être pêchées et mises dans les *parcs*.

Les parcs sont des bassins creusés sur le rivage de la mer et disposés de telle sorte que l'eau salée y puisse pénétrer à chaque marée et qu'ils ne soient jamais à sec.

L'Huître parquée engraisse, perd le goût de vase, s'améliore notablement.

A Ostende, les parcs sont alimentés par l'eau du port mêlée à de l'eau douce.

A Lucrin, aujourd'hui lac Fusaro, les eaux de parcage sont salées, ainsi que sur nos côtes.

De tous les parcs, ceux qui donnent lieu à l'industrie la plus considérable sont ceux de Marennes. Pendant son séjour dans ces bassins, l'Huître devient *verte*. Ils diffèrent des autres en ce que leur eau n'est renouvelée qu'aux grandes marées des nouvelles et pleines lunes. Ces bassins prennent le nom de *claires*. On réserve pour l'éducation dans les claires les Huîtres les plus jeunes ; les bancs des environs ne pouvant suffire à l'approvisionnement de ces parcs, on fait venir des Huîtres de la Bretagne, de la Normandie et de la Vendée, mais celles-ci n'égalent jamais les coquillages de la localité.

Une fois triées, les Huîtres sont rangées à la main dans les claires, de façon à ne pas se toucher, sous une nappe d'eau de 18 à 50 centimètres. Toutes les fois que l'eau est trouble, limoneuse, on transborde les Huîtres. Au bout de trois ou quatre ans, leur chair a pris, dit M. Coste, le goût exquis, la saveur qui les distingue et la teinte verte caractéristique. C'est alors seulement qu'elles sont livrées au commerce.

Les Huîtres peuvent se reproduire en captivité, ainsi qu'on l'a constaté à Marennes et dans l'établissement de madame Sarah Félix, sœur de la célèbre tragédienne, à Régneville (Manche).

Madame Félix, pour éviter les courants, a fait construire en mer des digues et a formé ainsi des parcs ou claires. Ces essais furent commencés en 1865; aujourd'hui les appareils sont surchargés chaque année de jeunes Huîtres, la plupart de la grandeur d'une pièce de cent sous, et, chose curieuse, parfaitement vertes.

La cause de la viridité des huîtres est mal connue, mais il semble très probable qu'elle est due à une maladie qu'engendre le séjour dans des eaux parfaitement calmes combiné avec l'influence chimique du sol sur l'eau des claires, et qui aurait son siège dans le foie.

On mange l'Huître depuis l'antiquité la plus reculée. On en trouve des valves en Danemark, parmi les restes de l'âge de pierre. Les Romains prisaient fort celles de Lucrin et de Circé, ainsi qu'on a pu le voir dans le fragment d'Horace cité plus haut.

L'Huître est le plus digestible des aliments : il en faudrait au moins seize douzaines pour nourrir suffisamment un homme pendant un jour.

« En 1798, dit Brillat-Savarin, j'étais à Versailles, en qualité de commissaire du Directoire, et j'avais des relations assez fréquentes avec le sieur Laporte, greffier du tribunal du département ; il était grand amateur d'huîtres, et se plaignait de n'en avoir jamais mangé à satiété, ou, comme il le disait, *tout son saoul*.

« Je résolus de lui procurer cette satisfaction, et, à cet effet, je l'invitai à dîner avec moi le lendemain.

« Il vint ; je lui tins compagnie jusqu'à la troisième douzaine, après quoi je le laissai aller seul. Il alla ainsi jusqu'à la trente-deuxième, c'est-à-dire pendant plus d'une heure, car l'ouvreuse n'était pas bien habile.

« Cependant j'étais dans l'inaction, et comme c'est à table quelle est vraiment pénible, j'arrêtai mon convive au moment où il était le plus en train : « Mon cher, lui dis-je, votre destin n'est « pas de manger aujourd'hui *votre saoul* d'huîtres : « dînons. » Nous dînâmes, et il se comporta avec la vigueur et la tenue d'un homme qui aurait été à jeun. »

Or, une douzaine d'huîtres, selon le même auteur, pèse *quatre onces*, ce qui fait, pour trente-deux douzaines, *huit livres*. Quelle est la viande dont un homme pourrait ainsi consommer huit livres, sans même qu'il y paraisse?

Chaque jour la consommation des Huîtres s'accroît. De 55 millions en 1861, elle s'est portée, disent les statistiques, à 100 millions en 1864. Si ces chiffres sont exacts, il n'est guère étonnant que leur prix ait augmenté beaucoup. Et puis il faut bien dire aussi qu'on s'est peut-être un peu exagéré la rapidité du succès des Huîtrières.

Il y a quelques années, la Société d'acclimatation a ouvert un concours d'Huîtres et décerné des prix aux éleveurs du précieux testacé.

### 2° CULTURE DE LA MOULE

En l'année 1235, une barque irlandaise, montée par trois hommes, transportait, pour le vendre sur les côtes anglaises, un troupeau de moutons. Jetée hors de sa route par un coup de vent, ballottée par les vagues, entraînée au loin malgré les efforts du patron, Patrice Walton, homme d'une grande intelligence, elle vint se briser sur les rochers de la pointe de l'Escale, à quelques lieues de la Rochelle. Les pêcheurs d'un bourg voisin,

Esnandes, se portèrent en toute hâte au secours des naufragés ; mais, malgré leurs courageux efforts, ils ne réussirent à sauver que le patron et quelques moutons.

Fig. 63. — Moules.

*Esnandes*, alors tout petit hameau, est un village situé au fond de l'anse de l'*Aiguillon*, où viennent se déverser plusieurs rivières. La boue charriée et déposée sans cesse par ce scours d'eau a converti cette baie en une vasière, en un lac de boue, que la mer découvre à chaque marée. Malheur à l'imprudent qui s'aventure alors sur cette plage détrempée! aussitôt il enfonce; c'est en vain qu'il se débat, que ses mains crispées cherchent à se retenir au sol qui l'entoure : cette vase sans résistance cède sous son effort, et en quelques secondes il disparaît et meurt englouti !

Walton, désireux de tirer parti de tout pour gagner sa vie, tenta d'exploiter les vasières d'Esnandes. Il avait remarqué que d'innombrables oiseaux rasaient la boue fouillée par les eaux pour y chercher des vers. Il voulut leur tendre des filets; mais il fallait les soutenir à l'aide de pieux enfoncés dans la vase. Pour parvenir à parcourir le rivage et à établir ses constructions, il imagina l'*acon*.

L'acon ressemble beaucoup à la *toue* qui figure sur les rébus. C'est une espèce de nacelle de bois, plate en dessous, verticale en arrière, recourbée et avant, longue de 2 ou 3 mètres, large et profonde de 50 centimètres. Le pêcheur se place à l'arrière, appuie son genou droit sur le fond, tient les deux bords avec sa main, enfonce dans la vase sa jambe gauche, revêtue d'une longue et forte botte, et la laisse pendre en dehors. La première impulsion donnée, le pêcheur retire sa jambe, puis l'enfonce de nouveau, et ainsi de suite, faisant ainsi glisser son acon avec la vitesse d'un cheval au trot.

Walton réussit dans son entreprise; mais ayant

## MOLLUSQUES CULTIVÉS.

constaté que les pieux qu'il plantait étaient rapidement envahis par des *Moules* dont le goût et la grosseur étaient bien supérieurs à ceux des moules de vase, il inventa les *bouchots.*

Le *bouchot* se compose de deux rangées de pieux, formant un V dont l'ouverture est dirigée vers le rivage, et qui sont reliés les uns aux autres

Fig. 64.— Bouchoteur parcourant les *bouchots* dans son *acon*.

par des claies et des fascines, afin de laisser les boues s'écouler. Ces claies sont fixées à une certaine hauteur au-dessus de la vasière. La pointe du V, entre-bâillée, laisse un étroit passage, fermée souvent par un filet où viennent se jeter les poissons. Plusieurs de ces bouchots sont espacés sur la vasière à diverses distances de la terre ; après le dernier, il y a de simples pieux isolés.

Ces appareils constituent de véritables *bancs de Moules artificiels.*

Voici comment Walton tirait parti de toutes ces constructions.

Les pieux non palissadés, ou *bouchots du bas*, ne découvrent qu'aux grandes marées des syzygies : c'est sur ces pieux que s'accumulent, au printemps, les jeunes moules ou *Semence*. Vers

Fig. 65. — Claies garnies de Moules.

le mois d'avril, cette semence égale à peine le volume d'une graine de lin. En juillet, elle a la grosseur d'un haricot. Le *bouchoteur*, ou pêcheur de bouchot, la détache alors par plaques, qu'il enferme chacune dans une bourse de vieux filet, et il loge ces bourses dans les claies et les branchages du bouchot qui vient ensuite. Ces bouchots, dits *bâtards*, découvrent seulement pentdant les marées des hautes eaux. Bientôt le filet se pourrit, et les Moules, fixées par le byssus qu'elles sécrètent, peuvent s'étendre et se développer.

Un mot sur la production très curieuse de ce byssus. La jeune Moule est munie d'une expansion charnue, au pied, à l'aide de laquelle elle se fait culbuter lorsqu'elle veut changer de place. Veut-elle se fixer, elle sécrète par ce pied une gouttelette de matière sérigène contre ce point d'appui, et, en rentrant le pied contre ses valves, allonge l'empâtement qui se fige sous forme de fil ou byssus. M. Lamiral dit que la moule peut, en vingt-quatre heures, amarrer ainsi jusqu'à sept brins. Lorsqu'elles sont dans des eaux agitées, elles s'attachent court ; dans les eaux calmes des étangs, au contraire, elles filent des soies longues.

Revenons à nos paquets attachés ainsi aux bouchots.

Plus tard encore, quand toutes se touchent, on éclaircit les rangs et on transporte les Moules au bouchot qui suit, ou *milloin*. Après dix mois ou un an de séjour sur ces divers bouchots, les Moules sont propres à la vente. On les change une dernière fois de bouchot, afin de les avoir toujours sous la main, au fur et à mesure des besoins de la consommation.

Toutes ces pratiques, dues à Walton, furent

imitées par les pêcheurs du voisinage, et sont encore aujourd'hui en usage.

Les succès obtenus par les bouchoteurs ont eu pour résultat l'extension incessante de cette industrie. M. d'Orbigny, en 1846, comptait trois cent quarante bouchots, exploités par les trois communes d'Esnandes, de Charron et de Marsilly ; il y a douze ans, selon N. Coste (1854), il y en avait plus de cinq cents.

Les Moules ainsi *cultivées* sont beaucoup plus grosses que les autres. Ce sont elles qu'on sert chaque jour dans les restaurants. Elles sont généralement très estimées, et pourtant, dussé-je me faire honnir de certains gourmets, je crois qu'elles plaisent plutôt à la vue qu'au goût, et quelles sont de qualité bien inférieure aux petites Moules sauvages des côtes de Normandie : celles-ci ont plus de goût, une saveur plus franche. On peut avoir de même une prédilection marquée pour les Huîtres de l'Océan, et les préférer de beaucoup aux célèbres Huîtres *perfectionnées* des pêcheurs de Marennes.

Ici, qu'il me soit permis de rappeler un conseil gastronomique donné par Moquin-Tandon.

« Si les Huîtres doivent être mangées pendant les mois dont le nom comprend un R, les Moules doivent l'être, au contraire, pendant les mois sans R, c'est-à-dire mai, juin, juillet et août. »

# CHAPITRE VIII

## ANNELÉS

## VIII

### ANNELÉS

On réunit sous le nom d'*Annelés*, tous les animaux dont le squelette se compose d'anneaux mobiles portant les divers appendices et renfermant les viscères. On emploie d'une manière générale le terme d'anneaux, mais, en réalité, les divers segments s'éloignent plus ou moins de la forme annulaire, surtout ceux des extrémités du corps, et plus ils en diffèrent, plus l'animal est élevé en organisation. C'est dans le groupe des annelés que sont rangés les *Annélides* et les *Crustacés*.

**LES ANNÉLIDES — LA SERPULE — LA SABELLE — L'EUNICE
LA NEMERTE — LES SYLLIS**

Les *Annélides*, ou *vers marins*, sont très nombreuses sur toutes les côtes. Leur organisation, leurs mœurs, leurs métamorphoses, sont aujourd'hui bien connues, grâce surtout aux remarquables études de M. de Quatrefages[1].

Leur corps est toujours très allongé, mou et divisé par des plis de la peau en un grand nombre d'anneaux. On voit ordinairement, de chaque côté du corps une longue série de faisceaux de soies portés sur des tubercules charnus et tenant lieu de pied. Ces soies sont barbelées, tranchantes, acérées, et servent aux Annélides non seulement pour la locomotion, mais encore pour l'attaque et la défense. La respiration s'opère au moyen de branchies extérieures.

On divise les Annélides en deux classes, suivant qu'elles sont libres (*errantes*) ou logées dans des tubes (*tubicoles*). Chez ces dernières, les branchies

---

[1] Ce savant a publié, dans les *Suites à Buffon* de Roret, une *Histoire des Annélides* (2 vol. et atlas) qui éclairera complétement l'histoire de ce groupe.

forment un diadème de cils autour de la tête; elles les étalent pour respirer en dehors de leurs maisons, et au moindre danger les contractent et

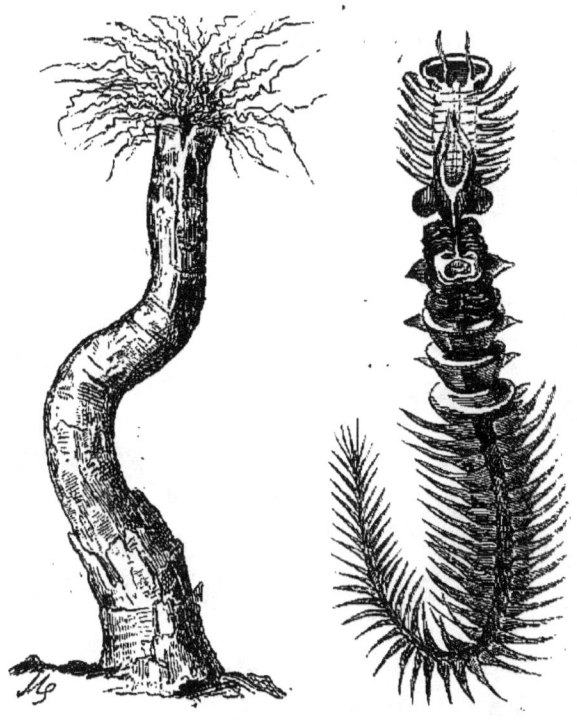

Fig. 66. — Chétoptère de Valenciennes.
1. L'animal dans son tube. — 2. Le même, arraché du tube.
(D'après les dessins inédits de M. de Quatrefages.)

les rentrent. Au milieu des branchies est la bouche, d'où sort une trompe que termine un formidable appareil de dents, de crochets, de dards.

Au sortir de l'œuf, les Annélides tubicoles commencent à se construire une demeure qu'elles ne

182 LES PLAGES DE FRANCE.

quitteront jamais. Cette enveloppe est un tube tantôt dur, tantôt friable, ici semblable à du cuir ou du parchemin, là blanc et dur comme de la pierre.

Fig. 67. — Serpules et Sabelles.
1 Serpule commune. — 2 Serpule perforante. — 3 Sabelle.

A l'intérieur, l'Annélide monte et descend, marchant indifféremment en avant ou en arrière, mais elle ne peut se retourner (*fig.* 66). Le plus souvent, elle fixe sa maison sur la coquille d'un mollusque ou la surface d'un rocher.

Il est rare de rencontrer une valve sur la plage sans remarquer à la superficie des cordons calcaires, contournés et emmêlés les uns avec les

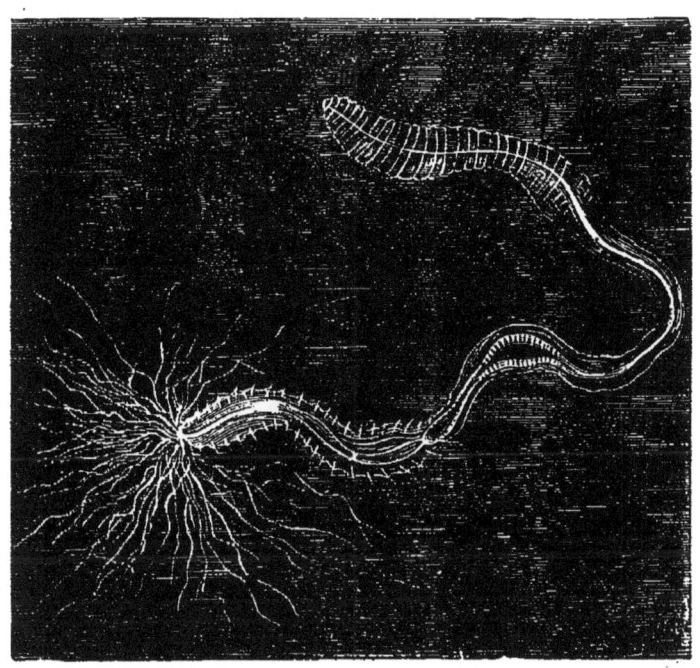

Fig. 68. — Apneuma pellucida.
(D'après un dessin inédit de M. de Quatrefages.)

autres, demeures des *Serpules*, des *Sabelles* (*fig.* 67). des *Térébelles*, des *Vermilies*.

Aux Annélides errantes se rattachent l'*Arénicole*, dont les pêcheurs se servent pour amorcer leurs lignes, les *Néréides*, les *Nemertes* l'*Apneuma pellucida* (*fig.* 68), les *Eunices*, les *Dujardinies*. Ces dernières n'ont point de branchies, et se meuvent dans le liquide à l'aide de petites couronnes de cils vibratiles disposés comme les roues d'un bateau à vapeur. Enfin il est des Annélides parasites, comme le *Branchellion* (*fig.* 69), sorte de

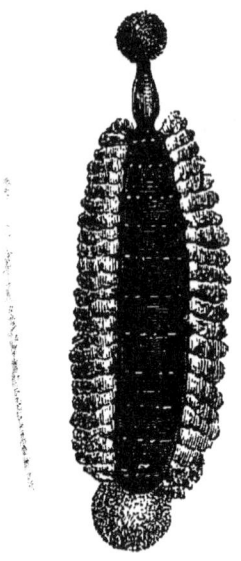

Fig. 69. — Branchellion.

sangsue qu'on trouve dans l'appareil électrique des Torpilles.

Une annélide errante et vraiment somptueuse, grâce aux reflets métalliques, verts, bruns, dorés, des poils qui la colorent, c'est la Souris de mer (*Aphrodite hérissée*) (*fig.* 70).

Il est intéressant de jeter un coup d'œil sur l'anatomie d'une des Annélides les plus parfaites, l'*Eunice sanguine*, grande espèce qui atteint parfois 2 pieds 1/2 de longueur.

Le système nerveux se compose d'un cerveau placé dans la tête, qui envoie divers nerfs aux

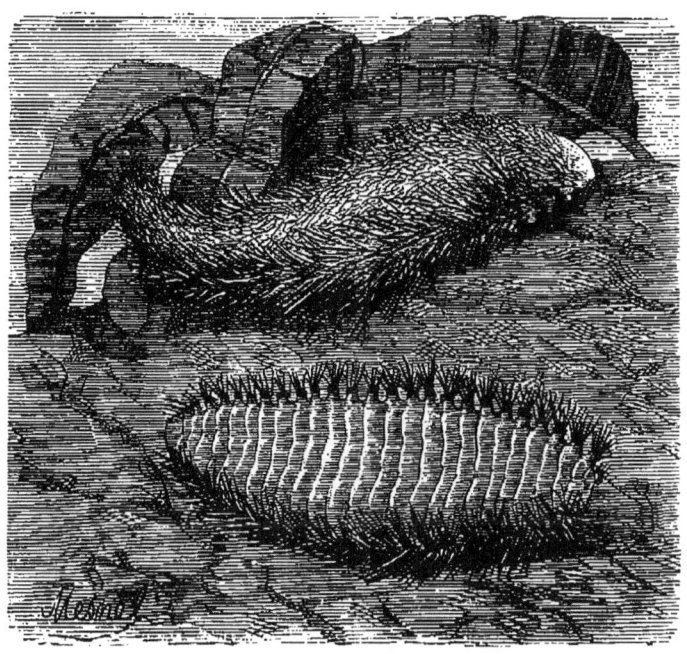

Fig. 70. — Aphrodites hérissées (Souris de mer).
Dessinées d'après nature (Jardin d'acclimation).

yeux et aux antennes, à la bouche et aux intestins (*fig.* 71). Sur les côtés naissent deux bandelettes qui forment un anneau et desquelles partent deux cordons étendus d'une extrémité à l'autre et réunis dans chaque segment par un nerf transversal ou ganglion ; on a calculé qu'il y en avait trois cents qui tous ensemble émettent trois mille nerfs.

Derrière la bouche en forme d'entonnoir vient un œsophage, puis une série d'estomacs disposés

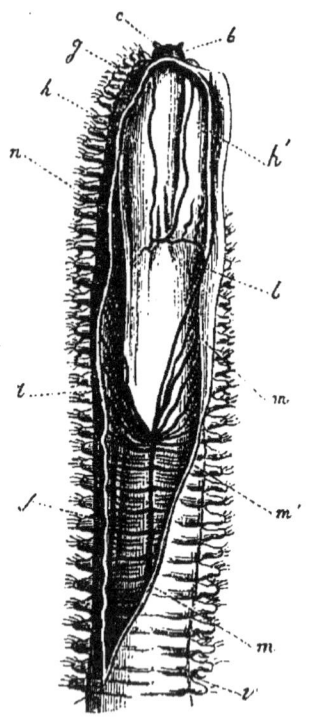

Fig. 71. — Anatomie d'une annélide.

*b*. Tête. — *c*. Antennes. — *g*. Pieds. — *h*. Pharynx. — *h*. Muscle du pharynx, — *n*. Glandes salivaires. — *l*. Muscles rétracteurs du pharynx. — *f*. Intestin. — *m*. Vaisseau dorsal. — *m*. Vaisseau central (cœur). — *v*. Vaisseau branchial. — *t*. Vaisseaux latéraux.

en chapelet, un par anneau. Au-dessous de l'estomac est une grosse artère qui émet, dans chaque segment, deux ampoules latérales (ou cœurs), lesquelles poussent le sang dans les autres artères. Après avoir nourri les organes, le sang passe dans deux grandes veines latérales et retourne aux branchies.

En somme, cette Eunice possède cinq cent cinquante branchies, six cents cœurs et autant d'artères et de veines principales. Nous y trouverions même en poussant plus loin nos investigations, trente mille muscles qui mettent en mouvement toutes les parties du corps de l'animal. C'est assurément là une anatomie compliquée.

Mais l'Eunice est une Annélide parfaite, et si nous disséquons une Nemerte, par exemple, nous y trouvons bien moins de complication.

La *Nemerte* (*fig.* 72) atteint 40 pieds de longueur. Elle est plate comme un ruban de fil, brune ou violâtre, lisse et luisante comme du cuir verni. Elle se pelotonne sur elle-même, se cache sous les pierres ou dans les creux des rochers, et se nourrit en suçant de petites huîtres plates ou *Anomies*. Lorsqu'elle change de place, elle avance son long corps à l'aide de cils vibratiles microscopiques, et lorsqu'elle a trouvé ce qu'elle cherchait, elle appuie sa tête contre le sol, et se pelotonne à une extrémité tandis qu'elle se déroule à l'autre. Chez la Nemerte, le système nerveux n'a plus d'anneaux et ne forme que d'imperceptibles filets ; les vaisseaux ne se ramifient plus. Seuls, ses ovaires sont plus développés que ceux de l'Eunice, car chez les animaux inférieurs, les chances de destruction étant très nombreuses, il faut que l'espèce se multiplie activement pour qu'elle se conserve. On estime le

Fig. 72. — Nemerte.

nombre des œufs d'une seule Nemerte à quatre ou cinq cent mille.

Un des plus curieux phénomènes de la vie animale est certainement la reproduction des Syllis (*fig.* 73), annélides errantes qu'on rencontre dans toutes nos mers. Lorsqu'un de ces vers est prêt à se reproduire, il se forme à sa partie postérieure une suite d'anneaux dont le plus avancé s'organise bientôt en une tête ayant ses yeux et ses antennes. La nouvelle Syllis reste quelque temps soudée à sa mère et ne vit que des résidus de ce que celle-ci avale; au bout de quelque temps, elle se remplit d'œufs ou de laitance et se sépare

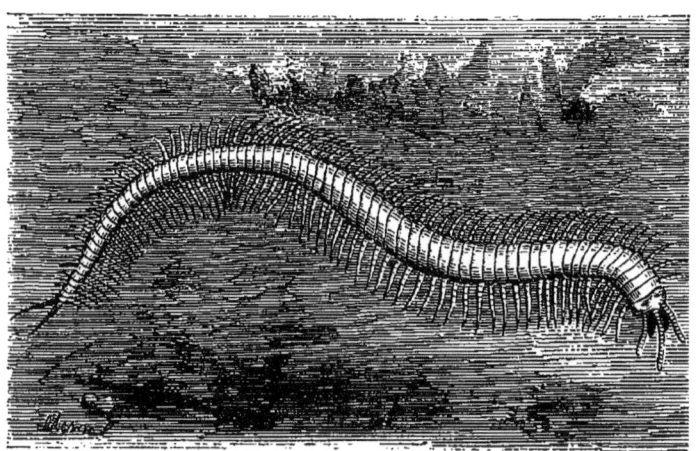

Fig. 73. — Syllis.

de l'individu souche. Bientôt les œufs ou la laitance augmentent outre mesure, elle se fend, les laisse échapper et meurt. Les œufs sur lesquels d'autres Syllis ont laissé tomber leur laitance, se développent et donnent naissance à des Annélides libres qui, à leur tour, deviendront souche. Les Syllis, qui ont crû comme des bourgeons, diffèrent assez de leur mère pour que les naturalistes, jusqu'en 1845, époque de la découverte de ce mode de reproduction, les aient considérées comme une espèce distincte.

## LES CRUSTACÉS — CRABES — HOMARDS — LANGOUSTES — CREVETTES
## LE BERNARD-L'ERMITE — LES BALANES

Les Crustacés, dont le corps est enveloppé d'un test calcaire et résistant, subissent aussi de curieuses métamorphoses.

La femelle du Crabe commun, par exemple, porte ses œufs sous sa queue. Une fois couvés, ces œufs produisent de petits animaux ressemblant si peu à leurs parents que, jusqu'en ces dernières années, on leur avait donné un nom différent. Ce n'est qu'après avoir mué qu'ils prennent la forme qu'ils doivent conserver.

On peut se rendre compte aisément de l'anatomie des Crustacés à l'aide de la figure 74.

M. Gerbe, préparateur de M. Coste, a fait du développement de ces animaux une étude toute spéciale. Dans une séries de notes adressées en ces derniers temps à l'Académie, il décrit leurs transformations, leur organisation. Il montre que, chez les larves, le sang, conduit par les artères dans les divers organes, ne passe pas ensuite dans des veines, mais tombe dans des lacunes et s'écoule de lui-même vers le cœur. Il remarque qu'elles n'ont pas d'appareil respiratoire, de branchies, et que toute l'aération du sang vicié se fait au travers de la peau, dans le réseau capillaire superficiel. Chez les adultes, M. Milne Edwards a

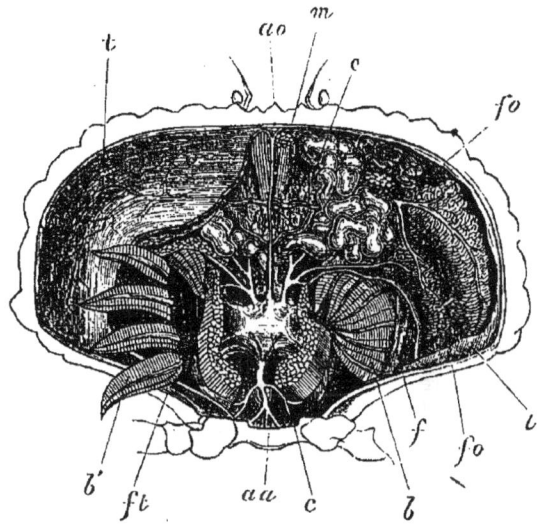

Fig. 74. — Anatomie du Crabe tourteau.

c, cœur; — aa, artère des yeux; — ao, artère de l'abdomen; — b, branchies; — b, branchies, relevées; — e, estomac; — m, muscles de l'estomac; — fo, foie; — t, portion de la peau qui tapisse la carapace; — ft, flanc.

décrit depuis longtemps (en 1828) une disposition semblable du système circulatoire (*fig.* 44 et 75). Seulement, ici les branchies existent, et c'est dans ces organes que le sang noir devient rouge.

Un bizarre détail d'organisation est que, chez ces animaux, les pattes, modifiées de mille façons, remplacent souvent des organes spéciaux. Ainsi certaines pattes, qu'on voit sans cesse s'agiter au-dessus de la bouche, servent à la respiration, d'autres à la mastication, d'autres à la natation, etc.

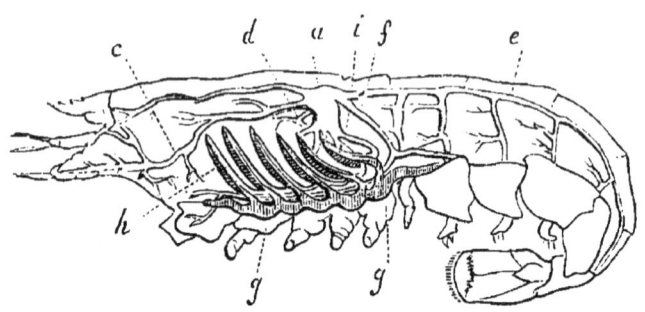

Fig. 75. — Appareil circulatoire du Homard.

*a*, cœur; — *c*, artère des antennes; — *d*, artère de foie; — *e*, artère abdominale supérieure; — *f*, artère du sternum; — *g*, veines qui reçoivent le sang des lacunes et l'envoient dans les branchies (*h*), d'où il retourne au cœur par le vaisseau *i*.

L'épaisseur de leur carapace les rend peu sensibles. Tout leur tact semble s'être réfugié dans les antennes. Leurs yeux voient de tous les côtés à la fois, car ils sont en réalité un faisceau d'yeux tournés dans tous les sens.

Les crustacés *muent* tous, plusieurs fois par an quand ils sont jeunes, annuellement lorsqu'ils sont adultes; ils renouvellent leur carapace. Pour donner une idée de ce phénomène physiologique, empruntons à un savant observateur le récit de la mue des écrevisses.

Quand l'animal sent le besoin de changer de test, il sécrète, au-dessous de sa carapace, une sorte de liqueur gélatineuse qui facilite sans doute le glissement, et, en même temps, en détache parfaitement la peau intérieure. Alors il se couche sur le flanc, et avec sa tête et son dos, par des mouvements alternatifs, il soulève son corselet, qui fait bascule comme un couvercle sur sa charnière; puis, quand il a presque complètement dégagé la partie antérieure de son corps, dit M. Chantrau, il se sépare entièrement de la vieille carapace par un brusque mouvement de sa partie postérieure. Ce travail dure environ dix minutes.

La carapace des pinces se fend dans toute sa longueur et le muscle qui la remplit sort, nu il est vrai, mais bientôt garanti, car douze heures après l'opération la peau sécrète une nouvelle enveloppe et la patte est déjà assez forte pour pincer fortement, et vingt-quatre heures après elle est complètement durcie! Quant aux parois de l'enveloppe générale, sécrétées par les divers organes qu'elles recouvrent, elles restent plus longtemps faibles et flexibles. Cependant, en quarante-huit heures, elles ont acquis toute la consistance de l'ancienne carapace.

Pendant le court intervalle qui s'écoule entre le dépouillement de l'ancienne carapace et la solidification de la nouvelle, les divers muscles, tout à coup libres, augmentent de volume d'une façon surprenante ; et c'est ainsi que se fait périodiquement la croissance chez ces crustacés.

Du reste, en dehors de la mue, on ne sait presque rien des mœurs et habitudes de nos crustacés, même les plus communs. M. Gerbe a démontré que les jeunes langoustes diffèrent tellement des adultes qu'on les a prises longtemps pour des crustacés tout différents (les *Phyllosomes*) ; mais comment se fait la transformation, combien de temps les œufs mettent-ils à éclorent, etc., etc. ; on n'en sait rien, et cependant que de promeneurs oisifs pourraient, s'ils voulaient, chercher et trouver peut-être la solution de ces problèmes !

Les Crabes sont tellement nombreux qu'à marée basse, on ne saurait faire un pas, soulever une pierre, arracher un varech, sans en faire fuir une légion. Ce sont des êtres voraces, féroces ; ils se mangent entre eux, et sont si peu sensibles à la douleur que souvent on voit avec dégoût le vaincu occuper à déchirer et dévorer un plus petit que lui pendant que son vainqueur fouille et détruit ses viscères.

Il est plus amusant de voir un *Crabe enragé* (*fig.* 76) se sauver de la cachette où la main le poursuit. Il marche de côté, les pinces en l'air et grandes ouvertes, les yeux rouges et saillants, humectés d'un liquide qui sort en bouillonnant.

Il court rapidement, se cache sous les pierres ou s'enterre dans le sable, et s'il est pris se contourne de mille façons pour saisir et pincer les doigts du pêcheur.

Fig. 76. — Crabe enragé.

Les grands Crabes qui arrivent sur nos marchés appartiennent à l'espèce *Tourteau* (*fig.* 77); leur carapace est couverte d'un duvet velouté; au lieu d'écarter leurs pattes et leurs pinces, ils les ramassent sous eux lorsqu'on les touche et font le mort.

Une autre espèce comestible est le *Maya* (*Maia*

*spinado*) ou Crabe araignée (*fig.* 78). Il est impossible de se figurer un plus horrible animal que celui-là. Son corps est hérissé de mamelons, et il ressemble à une immense araignée à pattes iné-

Fig. 77. — Crabe tourteau.

gales munie de pinces et couverte d'épines et de bourgeons. Pour comble de laideur, souvent sur sa carapace croissent des algues touffues.

Enfin nous citerons l'*Etrille* (*Portunus puber*) de la Manche, Crabe à corps et pattes aplatis, bleu rayé de violet et de blanc (*fig.* 79).

ANNELÉS.

On confond, sous le nom de Crevettes (*fig.* 80), le *Crangon commun* (crevette grise) et le *Palémon à dents de scie* (crevette rose), qui tous deux sont transparents. Ils bondissent dans toutes les flaques

Fig. 78. — Crabe araignée.

d'eau. Le Palémon occupe la partie inférieure de la figure 80. On le reconnaît aisément à la crête dentelée qu'il porte sur la tête. La figure 81 montre cette disposition ainsi que celle de la bouche et des branchies. Jadis on vendait en Bretagne les crevettes 5 centimes le kilogramme. Les temps sont changés !

On pêche les Crevettes à l'aide d'un filet en forme de poche, tenu ouvert par un demi-cercle de bois dont les deux bouts sont joints par une corde, et que pousse à l'aide d'un ou deux man-

Fig. 79. — Crabe étrille.

ches une femme plongée dans l'eau à mi-corps. Elle laboure le sol, et de temps en temps lève son filet et recueille les Crevettes capturées, qu'elle jette dans sa hotte.

Les *Homards* et les *Langoustes* sont trop connus pour que nous les décrivions. Le Homard (*Homarus vulgaris*) se distingue de la Langouste (*Pali-*

*nurus vulgaris*) par sa couleur et surtout par ses pinces énormes : celles de la langouste sont très petites (*fig.* 82).

Le Homard se pêche dans des nasses ou paniers

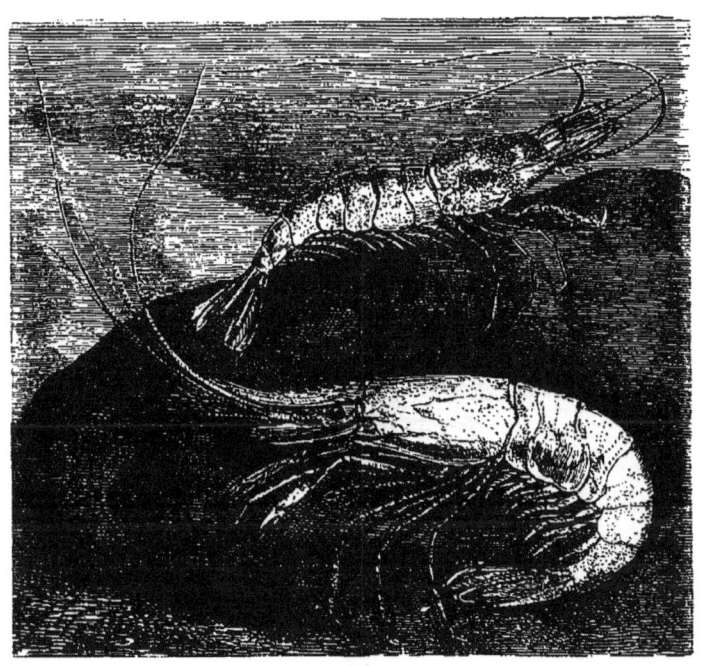

Fig. 80. — Crevettes (Crangon et Palémon).
D'après nature (Aquarium du Jardin d'acclimatation).

en osier, construits de telle sorte qu'une fois entré, il ne peut sortir. Les valeurs que met en jeu le commerce de ces crustacés, en France seulement, sont très considérables.

|        |              | année 1863. | année 1864. |
|--------|--------------|-------------|-------------|
|        |              | kil.       fr. | kil.       fr. |
| Homards. | Exportation. | 131,315 = 328,287 | 51,721 = 129,302 |
|        | Importation. | 10,781 = 32,343 | 5,900 = 14,750 |

En 1826, les Homards valaient 0 fr. 50 c. le kilogramme ; en 1863, 3 fr. ; en 1864, ils tombèrent à 2 fr. 50.

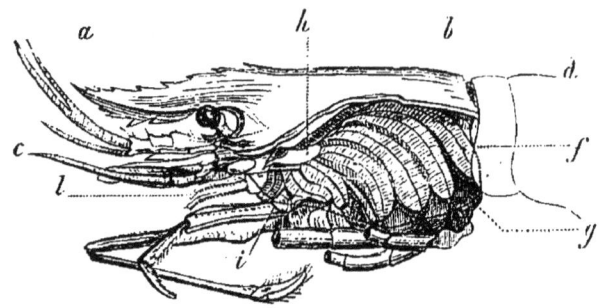

Fig. 81. — Tête du Palémon (Crevette).

*b*, carapace, enlevée en partie, suivant la ligne ponctuée *gi*, pour laisser voir les branchies (*f*) ; — *h*, valvule ; — *a*, crête en rostre ; — *c*, base des antennes ; — *d*, corps ; — *e*, pattes respiratoires.

Je ne puis finir ce chapitre sans citer au moins le *Bernard-l'Ermite (Pagurus Bernhardus)*, ce curieux crustacé dont le corps n'est recouvert d'un test que par devant, et qui abrite ses organes sans défense en les logeant à l'intérieur des coquilles abandonnées qu'il rencontre. Il faut le voir courir en emportant sa maison sur son dos, attaquant sans crainte tous les animaux qui pas-

Fig. 82. — Homard et Langouste.

sent à sa portée, agitant ses pattes en tous sens et représentant à notre imagination le *voyou* de la mer.

Fig. 83. — Bernard-l'Ermite.

Entre les Crustacés et les Mollusques, mais se rattachant par leur organisation aux premiers, on trouve les *Cirrhipèdes*. Cette classe d'animaux est très commune. C'est à elle qu'appartiennent les *Anatifes* et les *Balanes*.

Les *Balanes* ont l'air de coquilles multivalves, formant des aspérités coniques à la surface des rochers que la mer découvre et que les flots battent vigoureusement. C'est surtout sur les côtes de Bretagne qu'elles abondent. Dans l'eau, les valves supérieures s'écartent et laissent passer douze bras frisés, articulés, frangés de petits crins à l'aide desquels ils enlacent leurs proies. Les Balanes forment souvent des sortes de verrues pierreuses sur diverses coquilles, entre autres sur des Moules; les curieux peuvent ainsi s'en procurer qu'ils feront aisément ouvrir et déployer en jetant moules et parasites dans un verre d'eau douce ou salée.

# CHAPITRE IX

## LES POISSONS

## IX

**COMMENT ON PREND LES POISSONS**

Pour étudier les animaux marins, il faut d'abord les capturer. Les moyens sont nombreux et variés. Tous cependant peuvent, a dit Lacépède, se répartir entre les quatre catégories suivantes.

« Premièrement, ceux qui attirent les poissons par des appâts trompeurs et les retiennent par des crochets funestes; deuxièmement, ceux avec lesquels on les surprend, les saisit et les enlève, ou avec lesquels on va au-devant de leurs légions, on les cerne, on les resserre, on les presse, on les enferme dans une enceinte, d'où il leur est impossible de s'échapper, ou ceux avec lesquels on attend que les courants, les marées, leurs besoins, leur natation, dirigée par une sorte de rivage artificiel, les entraînent dans un espace étroit dont l'entrée est facile, et toute sortie interdite ; troisièmement, les couleurs qui les blessent, les lueurs qui les trompent, les feux qui les éblouissent, les préparations qui les énervent, les odeurs qui les enivrent, les bruits qui les effrayent, les traits qui les percent, les animaux exercés et dociles, qui se précipitent sur eux et ne leur laissent la ressource, ni de la résistance, ni de la fuite ; quatrièmement enfin, les instruments qui se composent de deux ou de plusieurs de ceux que l'on vient de voir distribués dans les classes précédentes. »

A la première catégorie appartiennent les lignes volantes et les lignes de fond ; dans la seconde paraissent les filets, les seines, les trubles, etc.[1] ; les nasses de jonc, etc. ; à la troisième se rapportent la pêche à la lanterne, où le pêcheur attire le poisson par l'éclat trompeur d'un soleil factice, le harpon employé contre les grands cétacés, etc. Enfin les grandes pêches à la Morue, au Hareng, au Thon, etc., réunissent et combinent les divers engins, et forment la quatrième classe.

[1] On compte plus de 200 sortes de filets ; on trouvera sur chacune les plus amples renseignements dans les vol. CHASSE ET PÊCHE de *l'Encyclopédie méthodique.*

**COMMENT ON CONSERVE LES POISSONS — L'AQUARIUM**

Lorsqu'on n'a d'autre but que de connaître les formes ou l'anatomie des êtres marins, on se contente de les mettre dans un bocal bien bouché et rempli d'alcool; mais si l'on veut étudier leurs mœurs, on doit chercher à les conserver vivants, et pour cela on a recours aux *aquariums*.

L'aquarium est pour les animaux aquatiques ce que la volière est pour les oiseaux; seulement au lieu d'une cage de fer, c'est une cage de verre, et au lieu d'air, c'est de l'eau. L'aquarium de cabinet se compose ordinairement de quatre colonnettes de fonte, de fer ou de cuivre, soudées en haut et en bas aux coins d'encadrements rectangulaires de même métal. Dans les quatre vides qui forment les côtés de cet échafaudage on pose des glaces, et dans le fond, une table de pierre ou d'ardoise. En mettant l'aquarium en communication avec un réservoir, on établit un léger courant, de manière à agiter et à renouveler l'eau dont on le remplit. Dans l'intérieur, on construit de petits rochers pour offrir aux poissons des retraites obscures, et on fait végéter sur ces pierres des plantes marines, car dans l'eau comme sur la terre, l'animal ne peut vivre que dans le voisinage du végétal. On peut, faute d'eau de mer naturelle, se servir d'eau de mer artificielle, préparée en faisant dissoudre dans de l'eau douce divers sels[1].

L'idée de conserver des poissons dans des vases transparents remonte aux Romains, mais ce n'est qu'en 1830 que M. Ch. Desmoulins (de Bordeaux) reconnut qu'il était indispensable, pour élever à domicile des animaux aquatiques, de placer dans leur prison des plantes d'eau. M. Dujardin, en 1838, M. Thysme, en 1846, et M. Warrington, en 1849, ont eu l'excellente idée de faire pour l'eau salée ce que M. Desmoulins avait conseillé pour l'eau douce. Enfin, de perfectionnements en perfectionnements, on est arrivé aujourd'hui à construire ces beaux aquariums dont nous avons les plus beaux exemples à Paris, au Jardin d'acclimatation et au boulevard Montmartre[2].

[1] Voici la formule que donne M. Millet pour préparer cette eau : « Dans 1 litre d'eau filtrée, faites dissoudre : sel blanc, $27^{gr},059$ ; de magnésie, $37^{gr},666$ ; de potasse, $0^{gr},765$ ; bromure de magnésie. $37^{gr},029$ ; sulfate de magnésie, $2^{gr}295$ ; de chaux, $1^{gr},407$ ; carbonate de chaux, $0^{gr},031$. »

[2] Depuis que nous écrivions ces lignes, ce dernier établissement a disparu pour faire place à un restaurant ! En échange on construit en ce moment (1873) un grand aquarium au Jardin des plantes. Sur nos côtes, on en trouve de fort beaux au Havre, à Boulogne à Roscoff et à Concarneau.

**COMMENT ON TRANSPORTE VIVANTS LES POISSONS ET LES MOLLUSQUES**

J'ai vu bien des personnes qui, désireuses de se former une de ces ménageries aquatiques, étaient arrêtées par la difficulté de rapporter vivants les habitants de l'Océan. Voici comment on s'y prend : On se procure un pot de grès à large goulot et du ciment hydraulique. Sur le rivage de la mer, on arrache un fragment de rocher, bien plus petit que l'intérieur du vase, et sur lequel croissent des algues. On le lave à l'eau douce, puis avec du ciment qu'on jette au fond du pot, on l'y fixe; on emplit le vase d'eau de mer, qu'on renouvelle très fréquemment, et cela pendant quarante-huit heures. Le vase est alors en état de servir de réservoir aux animaux qu'on s'est procurés. Lorsqu'on séjourne en quelque endroit, on ne l'emplit qu'à moitié et on le ferme avec un linge très léger (gaze); quand on voyage, on le ferme avec un bouchon. Pour éviter que l'eau ne soit répandue pendant le transport, on peut, au moment de partir, jeter l'eau et la remplacer par deux ou trois éponges bien imbibées d'eau de mer; il faut les avoir désinfectées au préalable, en les laissant deux jours dans l'eau salée.

Nous avons réussi, par ce procédé, à faire voyager six jours de suite, et dans les plus mauvaises conditions, divers animaux, entre autres des *Anémones de mer* (*Actinies*), sans en perdre un seul.

### UN NATURALISTE PLONGEUR

Il n'est pas toujours possible d'observer les Poissons et les Mollusques sur les côtes ou dans les aquariums. Si l'on veut exactement se rendre compte des mœurs de beaucoup d'entre eux, il faut parfois les surprendre chez eux, dans leur élément ; en un mot, il faut aller les étudier au fond de la mer. Le premier naturaliste qui ait osé poursuivre ainsi, au péril de sa vie, les animaux marins jusque dans leurs retraites les plus cahées, est le savant doyen de la Faculté des Sciences de Paris, M. Milne Edwards.

Ce fut en 1844, pendant un voyage scientifique en Sicile, devant Milazzo, que M. Edwards fit les premiers essais de ce genre.

L'appareil employé était celui qu'a inventé le colonel Paulin, ancien commandant des pompiers de Paris, pour éteindre les feux de cave. Un casque métallique portant une visière de verre entourait la tête du plongeur et se fixait au cou à l'aide d'un tablier de cuir maintenu par un collet rembouré.

Ce casque, véritable cloche à plongeur en miniature, communiquait par un tube flexible avec la pompe foulante que manœuvraient deux des hommes de la barque; deux autres restaient en réserve, prêts à remplacer les premiers. Le reste de l'équipage tenait l'extrémité d'une corde qui, passant dans une poulie attachée à la vergue, venait se fixer à une sorte de harnais et permettait de hisser rapidement à bord le plongeur, que de lourdes semelles de plomb, retenues par une ceinture à déclic, avaient entraîné au fond de l'eau.

Un des compagnons de M. Edwards, M. Blanchard, veillait à ce que, dans ses divers mouvements, le tube à air ne fût jamais entravé. M. de Quatrefages tenait une corde destinée aux signaux. Une fois la vergue craqua et menaça de se rompre au moment où, croyant avoir reçu le signal de détresse, M. de Quatrefages venait de crier: *hisse!* Les matelots sautèrent immédiatement à la mer et eurent bientôt ramené M. Edwards à bord; cependant plus de cinq minutes s'étaient écoulées avant que le sauvetage fût terminé, et ce temps aurait été plus que suffisant pour déterminer une asphyxie mortelle. Heureusement M. de Quatrefages avait eu une fausse alerte!

On voit que la vie du naturaliste a bien aussi par instants, ses côtés dramatiques.

On peut aussi employer, pour les recherches qui exigent un séjour plus ou moins long au sein des eaux, le bateau plongeur de MM. Lamiral et Payerne. C'est un bateau bien étanche, rempli d'air atmosphérique comprimé, qu'on descend à différentes profondeurs. Malheureusement la gêne que cause la compression de l'air entrave à peu près complètement les observations.

## STATIONS DES POISSONS DE NOS COTES — MIGRATIONS STATISTIQUES DE LA MER

Il n'est qu'un bien petit nombre d'espèces de poissons qui vivent dans la Manche ou dans l'Océan et qu'on ne retrouve pas dans l'une et l'autre de ces deux mers, mais il est rare qu'elles y soient également communes.

Certains poissons, communs au Nord, deviennent de plus en plus rares à mesure qu'on s'avance vers le midi. Tels sont le *Papillon de mer* (*Blennius gunnel*); le *Scorpion* (*Cottus scorpius*); le *Gournau* (*Trigla gurnadus*); l'*Épinoche* (*Gasterosteus spinachia*; le *Maquereau* (*Scomber scombrus*), etc.

D'autres, au contraire, augmentent en nombre du nord vers le Sud, comme le *Quatre-cornes* (*Cottus quadricornis*); le *Malarmat* (*Péristédion ma-*

*larmatus)* ; le *Grondeur (Trigla cuculus)* ; le *Sansonnet (Scomber colias)*, etc.

Si l'on voulait faire l'énumération des espèces réellement indigènes, il faudrait retrancher de la liste des poissons qui fréquentent nos côtes, tous ceux qu'on ne rencontrent qu'accidentellement, amenés d'autres régions par les tempêtes et les courants. On ne pourrait, par exemple, considérer comme française la *Dorade* aux couleurs brillantes, qu'enfantent les mers tropicales ; plusieurs fois cependant les pêcheurs de Belle-Isle en ont ramené dans leurs filets.

Ce qui nous semble devoir servir de moyen pour décider de la nationalité d'une espèce, c'est la connaissance des lieux où elle se reproduit. La patrie n'est-elle pas le pays où nous naissons ?

C'est ainsi que l'hirondelle est un oiseau de nos climats puisqu'elle vient y nicher bien qu'elle n'y séjourne que quelques mois.

Comme les oiseaux, les poissons sont sujets à des migrations périodiques. Poussés par l'instinct, par un secret besoin, certains poissons quittent chaque année, à époque fixe, les mers qu'ils fréquentent d'ordinaire et viennent déposer leurs œufs sur des rivages souvent éloignés de sept ou huit cents lieues de leur point de départ. Le long de nos côtes océanniennes, on voit périodiquement apparaître en masses serrées les habitants des mers du Nord, qui s'en retournent peu après en abandonnant leurs œufs prêts à éclore. A peine nés, les jeunes vont à leur tour dans les mers polaires rejoindre leurs parents, et néanmoins l'on peut dire que ce sont des poissons français, puisqu'ils sont nés en France, et que c'est en France aussi qu'à leur tour ils viendront déposer leurs œufs.

Les poissons réellement voyageurs, qui ne font chez nous que d'assez courtes apparitions, sont rares. On donne souvent ce nom à d'autres poissons, moins nomades, qui circonscrivent leurs pérégrinations aux environs des rochers qui les ont vu naître, et qui viennent, hiver comme été, se prendre aux lignes de fond et aux filets de nos pêcheurs.

Jusqu'ici, malheureusement, il n'existe pas de recherches approfondies (du moins à notre connaissance) sur ce sujet. Il n'est qu'un petit nombre d'espèce, celles qui sont le plus abondantes et que l'homme utilise pour sa nourriture, dont on connaisse les habitudes. On sait l'itinéraire et l'époque d'arrivée sur les rivages français du *Hareng*, du *Maquereau*, de la *Morue*, de quelques autres animaux voraces qui viennent à la poursuite de ces trois espèces, et c'est à peu près tout.

Ce serait rendre un véritable service à la science que de recueillir de la bouche même des pêcheurs, des informations précises sur l'époque d'apparition des diverses espèces, sur celle de leur départ, sur les localités où on les rencontre.

Il est bon, cependant de n'accueillir les renseignements donnés par les marins qu'avec une extrême prudence, car dans la pratique ils confondent le plus souvent sous le même nom un grand nombres d'espèces, et si l'on se fiait aux noms vulgaires, on risquerait d'appliquer à une espèce ce qui se rapporte à une autre et d'obtenir ainsi des résultats contradictoires. On connaît, par exemple, plus de *huit espèces* appelées toutes *Crapaud de mer!*

Une bonne Ichthyologie française devrait comprendre :

1° Les poissons qui *naissent et vivent* sur nos côtes;

2° Ceux qui *naissent et pondent* seulement en France, avec l'indication de l'époque de leur apparition et des parages où ils arrivent.

Un appendice énumérerait les espèces aperçues de loin en loin et qui nous sont étrangères.

Il n'existe encore rien de semblable; nous ne possédons qu'un catalogue nécessairement incomplet dans *Patria*, dû à M. *Paul Gervais*, un *Essai ichthyologique* des côtes océaniques, très bien fait, mais qui confond ensemble ces trois classes et ne donne que des caractérisations, par M. *Desvaux*, et enfin, pour la Méditerranée, l'ouvrage de *Rondelet* et celui de *Risso*, qui a le défaut de multiplier beaucoup trop les espèces sans les décrire avec une suffisante précision.

Au total, on ne connaît encore dans la Manche et l'Atlantique qu'environ trois cents espèces de poissons, tout compris.

### ANATOMIE DES POISSONS — COMMENT ILS MULTIPLIENT ET SE DÉVELOPPENT

Les poissons faisant sans cesse mouvoir leur bouche et leurs opercules, on a cru qu'ils buvaient continuellement. De là le proverbe : « Altéré comme un poisson. » Rien n'est plus faux. Ainsi que le montre la figure 84, au fond de la bouche, de chaque côté, sont des arcs osseux, *branchies* ou *ouïes*, préservés de tout choc par des opercules mobiles. C'est en passant sur ces branchies que l'eau apporte au sang l'air qui lui est nécessaire, et c'est pourquoi le poisson fait sans cesse passer des gorgées d'eau dans sa bouche et les chasse par les ouïes, en soulevant ses opercules. La figure 85 montre l'anatomie d'un poisson. Nous allons chercher à suppléer à l'absence de lettres. Au-dessous de la bouche sont, dans ce dessin, des tubes blancs (4 de chaque côté) parallèles, et formant à peu près quatre triangles : ce sont les artères qui distribuent le sang dans les ouïes ; im-

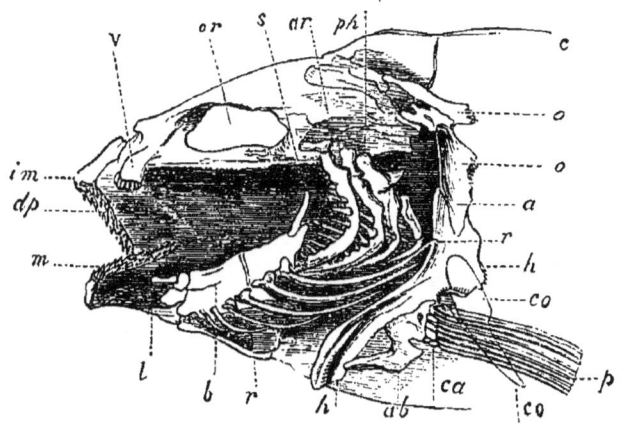

Fig. 84. — Tête osseuse du poisson.

*or*, orbite ; — *c*, crâne ; — *v*, vomer armé de dents ; — *im*, *m*, mâchoires ; — *dp*, dents ; — *a*, arcs branchiaux ; — *o*, *o*, omoplate ; — *h*, humérus ; — *co*, os caracoïdien ; — *ph*, os, pharyngiens ; — *ar*, cloison — *s*, stylet ; — *o*, os hyoïdes ; — *r*, rayons branchiaux ; — *l*, os lingual ; — *ab*, os de l'avant-bras ; — *ca*, os du carpe ; — *p*, nageoire pectorale.

médiatement après vient le cœur, qui ne se compose que deux cavités; puis une série de veines

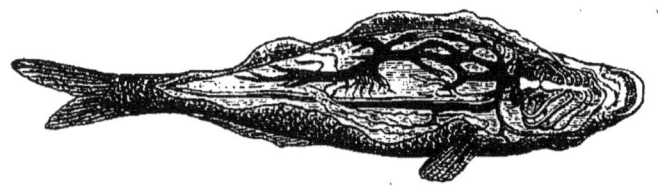

Fig. 85. — Anatomie d'un poisson.

(tubes noirs) ; on aperçoit en arrière, à la hauteur de la nageoire, les reins, très allongés chez ces animaux, et de l'autre côté (face ventrale), bien plus bas, l'intestin.

Les Poissons pondent des œufs. La plupart les abandonnent sur le sable ou parmi les algues, et laissent à la nature le soin de les couver et de les

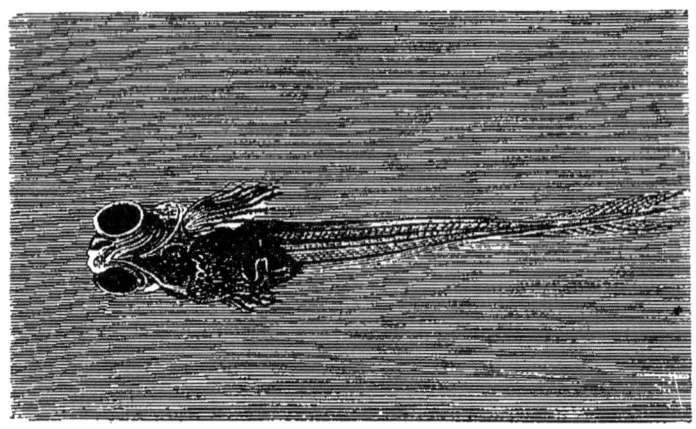

Fig. 86. — Poisson âgé de trois jours (très grossi).
(D'après un dessin inédit de M. de Quatrefages.)

faire éclore; mais quelques-uns, comme les *Épinoches* et les *Blennies* (*fig.* 93), font des nids grossiers en forme de manchon, dans lesquels ils se faufilent pour pondre; d'autres, comme l'hippocampe, transportent les œufs collés à leur corps par un mucilage.

En naissant, les petits ne mangent pas. Le jaune de leurs œufs reste fixé à leur ventre (*fig.* 86), et ce n'est que lorsqu'ils l'ont entière-

POISSONS. 221

ment absorbé qu'ils commencent à prendre [une autre nourriture.

Les œufs ont, les uns, la forme sphérique, les autres la forme de polyèdres. Ceux des Squales

Fig. 87. — Œufs de squale.

(des Chiens de mer, Raies, etc.) ressemblent à de petits sacs carrés, de cuir brun, munis aux quatre angles de cordons de cuir qui les amarrent aux plantes marines (*fig.* 87).

#### HABITUDES DES POISSONS — FILETS FIXES

La plupart vivent à une ou deux lieues des côtes, mais quelques-uns s'en rapprochent bien plus, et lorsque la mer se retire, restent cachés sous les rochers et les goëmons ou enfoncés dans le sable ou la vase.

Les pêcheurs qui habitent les côtes sablonneuses tirent profit de cette habitude pour s'emparer sans fatigue d'un certain nombre de poissons.

Ils enfoncent dans le sable des piquets plus ou moins longs suivant la pente du sol (1 mètre aux environs de Beuzeval, trois à Dieppe, etc.), disposés en demi-cercle, l'ouverture tournée vers la terre. Sur ces piquets ils tendent des filets formant une barrière verticale, et dont le bord inférieur est profondément enterré. Inutile d'ajouter que toute cette construction est située de telle sorte qu'à chaque marée, l'eau la recouvre entièrement.

Lors du reflux, divers poissons, et principalement des *Limandes*, des *Plies*, des *Soles*, des *Turbots*, des *Carrelets*, rasant le sol en nageant, viennent, en recherchant à regagner la haute mer, se butter contre cet obstacle. S'acharnant à poursuivre leur route, ils perdent un temps précieux à se frapper contre les filets au lieu de les tourner, et

Fig. 88. — Plie franche et Limandelle.
(D'après nature, Jardin d'acclimatation.)

bientôt, les premiers piquets étant à sec, la fuite leur devient impossible. Leur dernière ressource est de se faire une *douille* dans le sable et d'y demeurer jusqu'à la marée suivante à l'abri de l'axphyxie et cachés à tout regard. Malheureusement pour le pauvre animal, le pêcheur est au courant de ses habitudes. Armé d'une bêche, il suit le bord des filets, enfonçant verticalement son instrument; lorsqu'il rencontre le corps d'un poisson, celui-ci, blessé, ne peut retenir un soubresaut convulsif, et, trahi par lui-même, il est aussitôt pris et jeté dans le panier.

### CRAPAUDS DE MER — CHABOTS — COTTES — MEUNIERS, ETC.
### LES POISSONS VENIMEUX

C'est dans les petites mares, dans les flaques d'eau jonchées de pierres et couvertes d'algues, que l'observateur rencontre les petites espèces.

Qui ne s'est amusé à poursuivre, au pied des rochers de Beuzeval, de Trouville, de Dieppe et du Tréport, cette espèce d'anguille brune ou rougeâtre, aux mouvements rapides, ondoyants, au corps glissant, que les marins nomment la *Loche* (*Mustela vulgaris* et *M. Rubens*)? C'est là aussi qu'on peut prendre le *Crapaud de mer*

(*Batrachoïdes tau*), la *Jarretière* (*Lepibodes gouaniansis*) la *Sirène* (*Gobius niger*), les *Syngnathes* ou *poissons-tubes* au museau pointu (*fig.* 90) et l'*Hippocampe* (*fig.* 89), dont le squelette perce la

Fig 89. — Le cheval marin (Hippocampe).

peau de toute part ; la tête et le cou ressemblent quelque peu à l'encolure d'un cheval. Chez ces deux derniers poissons, la femelle porte ses petits dans une poche dont son ventre est muni.

Le *Crapaud de mer*, ou l'espèce qui porte ici ce nom, n'offre du reste qu'un intérêt secondaire ; mais il en est d'autres, qu'on désigne aussi sous

Fig. 90. — Syngnathes.
(D'après nature; Jardin d'acclimatation.)

le nom de *Chabots*, de *Cottes*, de *Meuniers*, etc. (*Cottus gobio*, *C. quadricornus*, *C. scorpius*, *C. lævigatus*), qui méritent mieux d'attirer notre at-

Fig. 91. — Chabot.

tention. La tête de ces animaux est monstrueuse, couverte d'épines, bien plus large que le corps, lequel est presque conique. Sur les opercules sont des aiguillons. La longueur varie, suivant les espèces, de 0^m, 10 à 0^m, 35. Il en est un, entre autres, le *Cotte meunier*, qui est très répandu sur les côtes de l'Océan et de la Manche, et qui place dans le sable ses œufs, auprès desquels il s'établit jusqu'à l'éclosion. Si le malheur veut qu'on saisisse un de ces poissons, ou qu'on appuie son pied nu sur le sable qui le cache, les aiguillons pénètrent dans l'épiderme et y font une blessure envenimée qui peut avoir les suites les plus graves. Les pêcheurs prétendent se guérir en appliquant sur la plaie le foie du *Cotte* ; est-ce vrai ? Nous l'ignorons, mais le plus sûr est de neutraliser immédiatement le poison en élargissant la blessure et en y versant de l'alcali. J'ai connu, à Dieppe, un guide-baigneur qui fut obligé de garder la jambe étendue pendant deux mois pour avoir eu le talon percé par l'aiguillon d'un Cotte.

La *Scorpène* (*Scorpæna diabolus*) fait également des piqûres redoutables : la *Vive* (*Trachiuus araucas*) possède à la nageoire dorsale des rayons venimeux dont la piqûre donne lieu à une douleur atroce, à un gonflement rapide de la région, à de l'engourdissement, de l'oppression, des convulsions et de la fièvre.

Nous ne pouvons ici décrire les trois cents et quelques espèces de poissons qui habitent les côtes de l'océan Atlantique et de la Manche ; mais nous ne pouvons nous dispenser de rappeler brièvement celles qu'on apporte le plus fréquemment sur nos marchés.

### CE QUE CONTIENNENT LES BATEAUX DE PÊCHE
### CONGRE — MERLAN — RAIE — TURBOT — SOLE — PLIE
### CARRELET OU BARBUE — LIMANDE

Voyez cette barque grossière, mais solide, peinte en noir et en couleurs voyantes, que la marée ramène au port. C'est un bateau de pêche. Ses voiles, de grosse toile goudronnée, pendent en festons pittoresques; dans son sillage, elle remorque une chaloupe; sur le pont, tout l'équipage est à l'œuvre; le patron, vieux loup de mer couvert des pieds à la tête de toile goudronnée, tient la barre; le mousse roule en paquet l'amarre que l'unique matelot, engoncé dans ses vêtements de laine crasseux et rapiécés en mille endroits, s'apprête à lancer sur la jetée. Là est un régiment de femmes et de manœuvres qui s'emparent aussitôt de la corde, s'installent après et halent le bâtiment jusque dans le bassin, où il ne tarde pas à se ranger le long du quai.

On commence le débarquement. Ce sont d'abord les engins de pêche: d'immenses filets, d'autres plus petits, à mailles plus serrées, enfin des lignes de fond, longues cordes auxquelles sont attachées, de distance en distance, des cordelettes qui portent l'hameçon. Puis ce sont de grands paniers, peu profonds, remplis de poissons, qu'on tire du fond de la cale et qui sont sur-le-champ vendus à la criée.

Ordinairement les diverses espèces de poissons sont triées d'avance et mises dans des paniers différents. Ce grand poisson allongé, de couleur grisâtre sur le dos, blanchâtre en dessous, c'est le *Congre* ou *Anguille de mer* (*Muræna conge*). Une autre espèce de *Congre* de couleur plus foncée (*Muræna niger*) est souvent mêlée à la précédente. L'un et l'autre ont une chair peu estimée. On les vend frais ou salés.

Cet autre à tête énorme, au corps rouge vif rayé de bandes perpendiculaires plus foncées, à museau échancré légèrement, long de $0^m,30$ à $0^m,35$, c'est le *Grondin* ou *Rouget* (*Trigla cuculus*). C'est un poisson très apprécié des gourmets, et qui mériterait de l'être encore davantage. Il est d'autant rare qu'on se porte vers l'ouest et surtout vers le nord de nos côtes.

Il ne faut pas confondre ce Rouget avec le *Rouget des Romains* (*Mulus barbatus*), qui ne dépasse pas au nord le golfe de Gascogne, et qui s'en distingue par son ventre argentin, ses nageoires do-

Fig. 92. — Roussette (Chien ou Chat de mer) et Vieille de mer.
(D'après nature ; Jardin d'acclimatation.)

rées et ses deux barbillons longs e charnues. C'est ce dernier que les Romains de la décadence payaient jusqu'à 1,400 francs la pièce et contre lequel Juvénal dirigea l'une de ses satires. C'était de lui aussi que parlait Sénèque dans l'anecdote suivante : « Un Rouget d'énorme taille (j'en dirai le

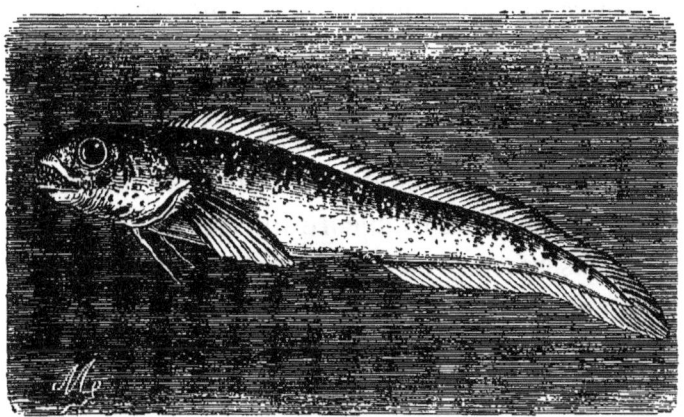

Fig. 93. — Blennie.
(D'après nature.)

poids, il excitera peut-être l'appétit de certaines gens), un Rouget de quatre livres et demie, dit-on, fut envoyé à Tibère, qui le fit porter au marché pour être vendu, disant : *Mes amis, je me trompe fort, ou bien Apicius ou Octavius l'achètera*. Sa conjecture fut réalisée au delà de ses prévisions : les enchères s'ouvrirent et Octavius l'emporta, obtenant seul l'immense gloire d'avoir payé 5,000 sesterces (environ 1,500 francs) un poisson que ven-

dait César et qu'Apicius même n'osait acheter! »
Sous Caligula, on ne paya un, dit Pline, 2,400 fr.
Enfin c'était encore ce Rouget que les féroces voraces faisaient périr à table même pour repaître, avant de le manger, leurs yeux du spectacle de son agonie et des changements de couleur qu'il éprouve au moment où sa mort approche.

Revenons bien vite à nos poissons communs de l'Océan : car il faudrait des volumes pour énumérer les actes d'orgueil, de férocité stupide et de gloutonnerie de ces Romains de l'ère césarienne.

En voici d'autres encore inférieurs, semblables à des serpents, aux flancs vert bleuâtre et au dos noir azuré : ce sont les *Ophies*, qui souvent atteignent 0$^m$,50 et plus.

Voici des mannes qui contiennent des *Merlans* (*Gadus merlangus*). Tout le monde connaît la forme de ce poisson. Presque tout son corps resplendit de la blancheur de l'argent, et l'éclat de cette couleur est relevé, au lieu d'être affaibli, par l'olivâtre du dos et le brun des nageoires et de la queue. On le prend presque toute l'année, car constamment il habite nos parages; mais c'est surtout en janvier et en février qu'il se rapproche des côtes pour éviter les gros poissons. Il va en troupes. C'est un aliment des plus faciles à digérer.

Non loin sont les *Bars* et les *Mulets*, dont la taille atteint jusqu'à deux pieds; leur corps, d'une grande pureté de lignes, offre le type de la beauté ichthyologique. Couverts tous deux d'une armure d'argent, ils sont aisés à distinguer par la dimension des écailles, grandes chez le *Mulet*, petites

Fig. 94. — Mulet.

chez le *Bar*. Des essais récents de M. Caillaud pour faire vivre dans l'eau douce ces excellents poissons ont donné de très bons résultats, et les mulets soumis à ces expériences acquièrent, paraît-il, un développement et un engraissement plus considérables qu'à la mer.

Approchons de ces corbeilles remplies de poissons plats. Ici ce sont des *Raies*, là des *Soles*, des *Limandes*, des *Carrelets*; plus loin des *Plies*, des *Turbots*.

Les *Raies* sont aisément reconnaissables entre tous à leur queue grêle et allongée, hérissée d'aiguillons, dont la disposition varie suivant les espèces. On en a constaté jusqu'ici, dans les mers qui nous occupent, treize espèces différentes. Certaines Raies arrivent à une grande taille : on a pêché des *Raies batys* de $1^m,30$. En avril 1873, un pêcheur de Trouville a pris sur nos côtes une Raie qui ne pesait pas moins de 50 kil. Sa longueur, de la tête à la queue, mesurait 2 mètres; l'envergure de ses ailes était de $1^m,50$. C'est toujours dans les eaux de la mer que les Raies font leur séjour; mais, suivant les époques de l'année, elles changent de lieux d'habitation. Alors que l'époque du frai est encore loin, elles se tiennent dans la haute mer, collées contre le sable et cachées sous les algues, guettant pour en faire leur proie les petits animaux à corps mou et les poissons plus faibles qu'elles; mais lorsque vient la saison de la reproduction, elles s'approchent des côtes, pondent sur les rochers moins profonds leurs œufs, semblables à des petits sacs de peau brune, prolongés aux quatre coins en appendices parallèles.

Les *Raies* doivent leur forme presque circulaire

à la grandeur énorme de leurs nageoires pectorales (celles qui sont derrière les ouïes du poisson); ces nageoires sont soutenues par dix rayons osseux, articulés au reste du squelette, à l'aide des-

Fig. 95. — Raie bouclée.

quels elles volent, pour ainsi dire, dans l'élément liquide.

Elles sont bien aisées à distinguer parmi les autres poissons plats dont nous allons parler : car, outre le caractère spécial de leur queue, leur bouche est fendue horizontalement, tandis que dans les autres elle est verticale. Pour bien saisir cette disposition, imaginez qu'on torde la tête d'un poisson ordinaire de façon à lui faire faire un quart de tour, et à ce que les yeux soient du même côté du corps latéralement, puis qu'on aplatisse obliquement l'être difforme ainsi obtenu ; la bouche évidemment sera contournée et verticale quand le poisson sera placé horizontalement, et les yeux seront néanmoins en dessus et tous deux rapprochés du même bord. Cette singulière disposition contraint ces poissons pour se diriger, lorsqu'ils sont poursuivis, à nager en tenant leur corps vertical ; tels sont le Turbot, la Plie, la Sole, etc.

Le meilleur, le plus gros et le plus rare de tous est le *Turbot* (*fig.* 96). Son corps est presque arrondi, marbré de brun et de jaunâtre avec taches et points bruns, et couvert de nombreux petits os coniques analogues à des clous à pointe émoussée. Leur poids dépasse très rarement 12 à 15 kilogrammes.

Il nage en troupe et n'abandonne jamais la mer.

Juvénal nous montre Domitien assemblant un vil sénat pour délibérer sur la manière de servir un Turbot immense qu'on lui avait donné. Aucun plat du palais n'était assez grand ni assez profond pour contenir le monstrueux animal ; après mûre

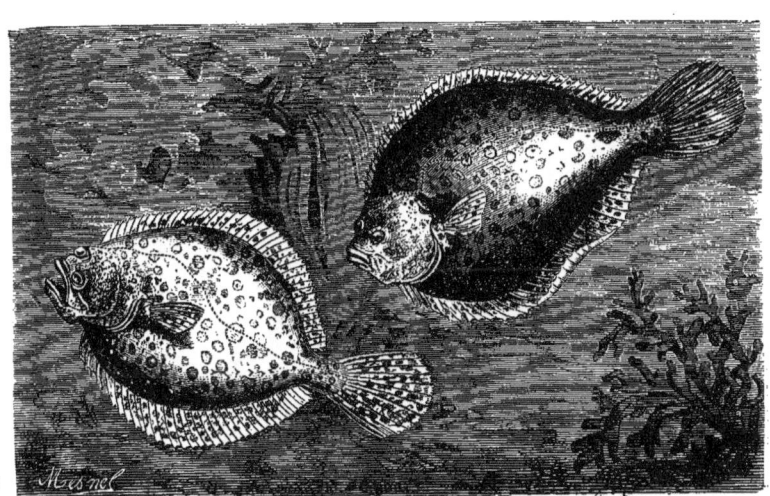

Fig. 96. — Turbots.
(D'après nature; Jardin d'acclimatation.)

délibération, les patriciens décidèrent que le mieux était de faire faire sur-le-champ un plat tout exprès.

La *Sole* (*Pleuronectes solea*) (*fig.* 97) a le corps elliptique, la tête arrondie, les écailles un peu rudes, des barbillons blanchâtres et nombreux au côté inférieur de la bouche. Sa longueur va jusqu'à 0$^m$, à 0$^m$, 50. Sa couleur générale est brune sur le dos, blanc bleuâtre sur le ventre.

La délicatesse de la Sole est sans rivale ; la *Sole normande* est, de l'aveu des gourmets de tous les pays, un des meilleurs plats de la cuisine française

Parfois les Soles remontent un peu, pour frayer, dans le lit de la Loire ou de la Seine. Elles vivent d'ailleurs fort bien dans l'eau non salée. Mac Culloch en a conservé pendant plusieurs années dans l'eau douce, qui devinrent, dit-il, deux fois plus charnues que celles qu'on pêche dans la mer.

Il arrive que, l'hiver, elles viennent s'enterrer dans la vase des rivières.

La *Plie* (*Pleuronectes platessa*) remonte bien plus avant dans les terres ; on la trouve dans l'Allier, la Loire, la Seine, la Meuse, etc. Cependant la mer est son élément naturel. Son corps elliptique se rapproche plus du cercle que celui de la Sole ; il est, de plus, marbré de macules brunes et grises, avec des taches orangées arrondies.

La Plie recherche les fonds sablonneux; rarement elle atteint 0ᵐ,30, et cependant on en a vu du poids de 8 kilogrammes. Il y en a de blondes, sans aucune tache (*fig.* 88).

Chez la *Plie* et la *Sole* la tête est confondue avec le corps; chez le *Carrelet*, elle en est distincte : c'est un museau pointu à l'extrémité duquel sont les yeux. La forme générale du corps est l'ovale; il est gris, marbré de brun jaunâtre et rougeâtre à taches espacées. Les anciens prétendent que, sous Domitien, on en prit un de 20 aunes de long sur 12 pouces d'épaisseur; le fait semblera peu ordinaire si l'on songe que, de nos jours, les plus grands Carrelets ont 0ᵐ, 14 à 0ᵐ, 50 au plus de longueur!

Le *Carrelet* (*Pleuronectes rhombus*), qu'on nomme aussi *Barbue*, est un de nos poissons les plus renommés.

La *Limande* (*Pleuronectes limanda*) (*fig.* 97) a aussi la tête distincte, par suite de la courbe que décrit à la hauteur des ouïes la ligne latérale. Du premier coup d'œil cependant on la reconnait : car elle porte les deux yeux à droite, et le Carrelet les porte à gauche. La Limande vit de vers, de mollusques et de petits crabes. Quoique bonne, très bonne même, elle est bien moins recherchée que les précédents; peut-être est-ce parce qu'elle est plus commune.

Fig. 97. — Soles et Limandes.
(D'après nature; Jardin d'acclimatation.)

### LE FAUX-BAR
#### L'ÉQUILLE — LA TORPILLE — L'ANCHOIS — LES NONNATS
#### LA RÉMORA — LE MAQUEREAU DU MIDI

Outre ces divers poissons, qui forment généralement le fond des pêches sur nos côtes, les marins en rapportent encore de bien des espèces.

Un jour, à Arromanche, j'en ai vu un magnifique, aux couleurs brillantes, nuancées de vert et de bleu, aux écailles régulières, aux yeux vifs, qui mesurait 6 pieds de longueur. C'était un *Faux-Bar*. Il avait brisé un filet en se débattant.

Sur nos côtes océaniennes, trois poissons font l'objet d'une pêcherie spéciale, qui emploie un grand nombre d'hommes et de bâtiments. Ce sont, dans la Manche, le Hareng et le Maquereau; dans l'Atlantique, la Sardine. Ces trois poissons seront l'objet d'un chapitre spécial. Nous ne parlons pas ici de la *Morue*, car nos pêcheurs n'en prennent pas un grand nombre dans la Manche; presque toutes celles qu'ils rapportent venant des bancs de Terre-Neuve, on en doit rattacher la pêche à la description des mers étrangères.

Il est une pêche fort originale que font surtout

chez nous les femmes et les enfants : c'est celle de l'*Équille* ou *Lancon*. On confond sous ce nom deux petits poissons, d'autant plus communs qu'on avance davantage vers le Nord, l'*Ammodytes tobianus* et l'*Ammodytes pictavus*. L'*Ammodites lancea* de Lacépède, citée par plusieurs auteurs, me semble n'être qu'une variété de l'*A. tobianus*.

Les Équilles ont l'habitude, lorsque la mer se retire, de s'enfoncer dans le sable pour y demeurer à l'abri de l'asphyxie et pour y chercher les Annélides dont elles font leur nourriture. L'Équille a la forme de l'anguille ; elle est d'un gris argenté, bleuâtre sur les côtés, rosé sur le ventre. C'est de sa tête comprimée, pointue, petite, qu'elle se sert pour percer la vase et creuser le sable jusqu'à $0^m,20$ de profondeur.

Les pêcheurs arrivent à marée basse dans les parages que les Équilles préfèrent (ordinairement les environs d'un cours d'eau douce qui charrie avec lui des vers et du limon), et creusent la terre. D'un seul coup, ils enlèvent une motte de sable, la jettent en l'air d'un coup sec afin de l'éparpiller, et ramassent l'Équille mise à nu, qui fuit et s'enfonce avec la rapidité de l'éclair. Il faut une grande adresse et beaucoup de vivacité pour la saisir entre le médium et l'index, afin qu'elle ne glisse pas. Dans certaines localités où les Équilles sont rares, à Arromanches (Normandie), par exemple, on se sert pour remuer le sol d'une sorte de houe dont la lame en forme de cœur est emmanchée verticalement et percée d'un trou par lequel passe une corde. Une personne traîne cette houe en tenant le manche et la corde, labourant ainsi le sable, et un aide qui la suit s'empare des Équilles à mesure que le soc de cette charrue primitive les met à nu. Le plus souvent on emploie tout simplement des bêches ou des fourches plates solidement emmanchées.

En quelques points de l'Océan, on trouve une sorte de *Raie* fort curieuse en ce qu'elle possède un véritable appareil électrique. C'est la Torpille. Lorsqu'on la touche, elle fait ressentir une commotion violente.

Les poissons communs de la Méditerranée sont à peu près les mêmes que ceux de l'Océan, et surtout des côtes de Gascogne. Les plus répandus sont le *Thon*, l'*Anchois* (*fig.* 98) et la *Sardine* (*fig.* 101).

Sur les rivages du Languedoc, les *Mulets* abondent, et les pêcheurs, profitant de l'habitude qu'ils ont de remonter les cours d'eau pour déposer leurs œufs, les emprisonnent dans des canaux habilement disposés. Ils en conservent ainsi un très grand nombre, les pêchant au fur et à mesure des besoins de la consommation.

A Nice, pendant les beaux jours d'automne et de printemps, on voit les pêcheurs ramener dans les filets des myriades de tout petits poissons blancs mous, transparents, qu'on recueille avec des pelles et qu'on empile dans des seaux. Dans le pays on les nomme *Nonnats* et on les mange frits ou au lait : ce dernier mets ressemble beaucoup à du riz au lait. Les Nonnats ne sont autre chose que les fretins des *Sardines* et des *Anchois*.

Fig. 98. — Anchois.

L'*Anchois* nous vient du golfe de Biscaye et du littoral méditerranéen. Comme la Sardine, c'est un poisson migrateur ; on en voit des bandes immenses arriver sur les côtes pendant les mois les plus chauds de l'année, après leur passage à Gibraltar.

Rien de pittoresque comme la pêche des Anchois. Elle se fait de nuit, par des centaines de barques portant à la poupe des brasiers enflammés qui se reflètent au loin sur les eaux.

Attirés par la lumière, les Anchois viennent en masse se *mailler* dans les filets. On dit cependant que ceux qui sont capturés pendant le jour ou la nuit sans avoir recours à cet artifice, valent mieux et sont plus fermes que ceux pêchés à la torche.

Dès qu'ils sont pêchés, on leur coupe la tête, on extrait les entrailles, on les sale et on les serre dans des barils.

La *Rémora* (*Echeneis remora*) ou *Sucêt* porte sur la tête un disque ovale, à bord épais, garni de lames transversales et qui peut faire l'office de ventouse. A l'aide de cet appareil, elle se fixe au ventre des Requins, se faisant ainsi charrier sans fatigue ni danger. Les anciens croyaient que ce petit animal, s'attachant à la carène des bâtiments, les arrêtait dans leur course :

> Le Rémore, fichant son débile museau
> Contre le moite bord du tempête vaisseau,
> L'arrête tout d'un coup au milieu d'une flotte.
> (Du Bartas.)

Enfin beaucoup de poissons représentés dans toutes nos mers diffèrent un peu dans chacune d'elles. Le Maquereau de la Méditerranée, par exemple, est une variété différente de celle de l'Océan ; il y aurait certainement un véritable intérêt à comparer entre eux des échantillons du même poisson provenant de divers endroits de notre littoral et celui de l'Espagne, de Dunkerque à Gibraltar et de Gibraltar à Nice.

# CHAPITRE X

## GRANDES PÊCHES

X

LES GRANDES PÊCHES DE POISSONS SUR LES COTES

La mer, jusqu'à une certaine distance des côtes, appartient à l'État; c'est donc à lui que revient le soin de veiller à ce que l'exploitation s'en fasse avec ordre, sans que la rapacité trop grande des pêcheurs en épuise les richesses et sans qu'ils puissent entraver mutuellement leurs travaux. La police maritime est faite au large par de petits bâtiments, partie à voile, partie à vapeur; à terre, il existe tout le long de nos côtes un cordon de gardes maritimes.

Peut-être quelques amateurs de statistique seront-ils bien aises de trouver ici le relevé du mouvement qu'a produit en France le commerce des poissons en 1863 et 1864.

Le tableau ci-dessous, dressé d'après les documents officiels, montre que nous recevons plus de poissons que nous n'en exportons ; mais il faut faire exception pour les poissons marinés ou à l'huile.

|  |  | 1863 | | 1864 | |
|---|---|---|---|---|---|
|  |  | kil. | fr. | kil. | fr. |
| Morue | Importation.. | 25,349,681 = | 12,281,073 | 27,795,352 = | 19,734,700 |
|  | Exportation.. | 3,004,396 = | 1,472,154 | 3,049,129 = | 2,164,881 |
| Hareng | Importation.. | ............ | ............ | 286,318 = | 128,792 |
|  | Exportation.. | ............ | ............ | 67,152 = | 30,212 |
| Poissons frais | Importation.. | 1,207,738 = | 872,716 | 2,042,145 = | 1,490,766 |
|  | Exportation.. | 446,621 = | 312,037 | 502,916 = | 224,158 |
| Poissons marinés ou à l'huile | Importation,. | 41,694 = | 129,295 | 119.837 = | 299,595 |
|  | Exportation.. | 6,672,350 = | 14,314,550 | 5,884,571 = | 11,946,057 |

Quant aux Morues, l'importation même en est faite par des Français : car on range sous ce titre toutes celles que nos matelots rapportent de Saint-Pierre, Miquelon et Terre-Neuve.

On a consommé en France, pendant l'année 1864, 33,251,146 kilogrammes de Morues, et en 1865, 25,198,746 kilogrammes.

Voici le nombre de quintaux métriques de Harengs importés pendant les sept années de 1858 à 1864.

|       | Quint. métr. |       | Quint. métr. |
|-------|--------------|-------|--------------|
| 1858. | 164,626      | 1862. | 269,443      |
| 1859. | 163,824      | 1863. | 188,978      |
| 1860. | 159,764      | 1864. | 234,975      |
| 1861. | 153,724      |       |              |

Enfin ajoutons que nous recevons le *Hareng* surtout d'Angleterre, et que nous exportons la majorité de nos poissons à l'huile et marinés au Mexique et aux États-Unis.

Le voyage et les descriptions de M. Coste ont fait connaître en détail l'industrie des pêcheurs de Comacchio, qui savent attirer, retenir, engraisser les anguilles dans les canaux où ils sont captifs.

Les Italiens ne sont pas les seuls à pratiquer l'élevage des poissons. Sur les côtes de la Méditerranée, à Martigues, les riverains ont aussi creusé des canaux qui communiquent avec la mer, mais que l'on peut fermer à l'aide de vannes. Lors du frai, les *Mulets*, que leur instinct pousse à déposer leurs œufs dans les eaux douces, pénètrent dans ces canaux, qu'alimentent les rivières voisines; dès qu'ils sont entrés, on baisse les vannes et ils restent enfermés, eux et leurs fretins, à la merci du pêcheur, qui les prend au fur et à mesure lorsqu'il veut les vendre. Divers propriétaires de Gascogne et de Bretagne ont aussi créé des parcs à poissons dans lesquels on engraisse le Bar, le

Mulet, la Sole, la Limande, la Plie, le Carrelet, l'Anguille. Nous citerons M. Labbé, à Luçon, M. Bouché, à Challans, M. Boissière, à Audenge, près Arcachon, M. Pozzy, à Sarzeau, et M. de Crésolles, à Quimper.

On a fait aussi avec succès des parcs à crustacés, notamment à Concarneau, où ils appartiennent à l'État et sont exploités par M. Guillou.

Grâce à la télégraphie, les propriétaires de ces réserves, prévenus en temps utile, peuvent envoyer leurs élèves à Paris, chaque fois que de gros temps ont dû empêcher les pêcheurs normands de sortir. Cette opération bien simple donne, dit-on, de fort beaux résultats pécuniaires. Les réservoirs bien établis, leur entretien coûte fort peu, et les seules dépenses un peu sérieuses à supporter pour les propriétaires sont dues à la perte qu'ils font d'un grand nombre de poissons auxquels des pêcheurs maladroits arrachent souvent des écailles. Une sorte de moisissure, le blanc, envahit alors la plaie et le poisson meurt.

Il est bien à souhaiter que ces exemples trouvent de nombreux imitateurs *praticiens*, et que l'on parvienne à élever et perfectionner les poissons et les crustacés aussi aisément que les bœufs et les moutons.

### LE HARENG

« Le Hareng, dit Lacépède, est une de ces productions naturelles dont l'emploi décide de la destinée des empires. » Il est impossible, en effet de se faire une idée de la quantité de Harengs qui se

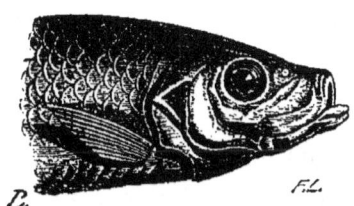

Fig. 99. — Hareng.

consomment chaque jour. De toutes les pêches c'est la plus abondante et peut-être la plus fructueuse. La Hollande lui doit sa prospérité et presque son existence, et c'est avec raison qu'on a pu dire, selon un dicton répandu dans les Pays-Bas, qu'*Amsterdam est fondée sur des têtes de Harengs*.

Comme presque tous les poissons qui font l'objet de grandes pêches, les harengs deviennent périodiquement vers les côtes, après être restés cachés pendant plusieurs mois dans les profondeurs de la haute mer, où ils retournent après avoir déposé leur frai près des rivages.

On prétend, est-ce vrai ? que leurs hordes innombrables, suivent des individus plus gros et plus forts, qu'on appelle *Rois*. On croyait jusqu'en ces dernières années qu'ils venaient du Nord, et qu'après s'être dégagée des glaces du Groënland, la légion franchissait rapidement l'Océan, puis se divisait en deux ailes, l'une gagnant l'Écosse, longeant l'Irlande, passant dans la Manche, puis retournant à la fin de septembre vers le pôle ; l'autre côtoyant la Scandinavie et pénétrant dans la Baltique.

Des centaines de cétacés, des milliers d'oiseaux les accompagnent dans leurs migrations, les tuant et les dévorant sans cesse.

« Les Harengs, dit Duhamel-Dumonceau, entrent parfois en si grande quantité dans la Manche, qu'ils ressemblent aux flots d'un mer agitée : c'est ce que les pêcheurs nomment des *lits* ou *bouillons de Harengs*. Quand les filets donnent dans ces bouillons, il arrive qu'ils sont tellement chargés de poissons, qu'ils rompent et coulent bas. «

Philippe de Maizière écrivait à Charles VI : « Les Harengs font leur passage de la mer du Nord dans la Baltique, de septembre en octobre, et tant il en passe qu'on pourrait les tailler avec l'espée. »

Les mille mouvements d'une colonne de Harengs imitent le bruit d'une pluie qui tombe à larges gouttes. Dans l'obscurité, ils sont phosphorescents, à la lumière ils blanchissent la mer.

Des Français, des pêcheurs de Dieppe, inventèrent, au douzième siècle, la fumure. Ils allaient chercher les poissons jusque dans la mer du Nord. Ce ne fut qu'au siècle suivant que les Hollandais commencèrent à s'occuper de cette pêche ; mais ils nous dépassèrent bien vite, et dès la fin du douzième siècle, ils consacraient au moins 2,000 bâtiments à cette exploitation [1]. Ce fut l'un deux, pêcheur de Biervliet, Guillaume de Deukelzoon ou Bukeldius, mort en 1449, qui eut l'idée de saler le Hareng. Les Anglais et les Norvégiens les imitèrent. Les Danois et les Suédois suivirent l'exemple de ces nations.

« Nous, Français, dit Lacépède, n'oublions pas que si un pêcheur de Bervliet a trouvé la véritable manière de saler et d'encaquer les Harengs, c'est

---

[1] C'est à la même époque que les harengs salés arrivèrent pour la première fois sur le marché de Paris ; ils venaient de Rouen, par la Seine. Dès le quatorzième siècle, le poète Villon parle de la célébrité que déjà les *harengères* s'étaient acquise par leur grossièreté. On voit que les injures des poissardes datent de loin.

à nos compatriotes de Dieppe que l'on doit un art plus utile à la partie la plus nombreuse et la moins fortunée de l'espèce humaine, celui de le fumer. »

Aujourd'hui la France, le Danemark, la Suède ne pêchent guère le Hareng que pour leur consommation. Les Écossais ont les principales pêcheries : ils emploient 40,000 bateaux ; les Hollandais ont dégénéré, sous ce rapport, de leur ancienne splendeur; de 2,000 navires ils sont tombés à une centaine.

On pêche pendant la nuit à l'aide d'immenses filets dont la grandeur des mailles est telle que le Hareng y est retenu par les ouïes et les nageoires pectorales, lorsque sa tête s'y engage.

Les poissons pris, on les jette dans des caques ou baquets de chêne, et on leur fait subir une première salaison, soit sur la côte si elle est proche, soit à bord même.

Les Harengs de Hollande sont beaucoup plus estimés que les autres. Peut-être leur supériorité tient-elle à ce que les pêcheurs hollandais ont l'habitude de les vider au fur et à mesure qu'ils les tirent de l'eau, leur évitant ainsi une lente agonie, qui doit forcément les rendre malades et décomposer leur chair. Les Harengs ouverts sont jetés dans une saumure très-chargée de sel, et dix-huit heures après ils sont rangés dans des caques et salés par lits. C'est là le *Hareng blanc.*

Simplement salé à bord, il prend le nom de *Hareng nouveau* ou *bert* s'il est pêché au printemps, de *Hareng pec* si c'est en automne.

Séché, salé et exposé ensuite plusieurs jours à la fumée d'un feu de bois, il brunit et devient ce qu'on appelle le *Hareng saur.* C'est, de toutes les préparations, celle qui le conserve le mieux.

LE MAQUEREAU

Comme le Hareng, le *Maquereau* (*Somber Scombrus*) (*fig.* 100) est un poisson de passage. Comme lui, il ne nage qu'accompagné d'un grand nombre de poissons de son espèce. C'est à coup sûr le plus beau de tous nos poissons. Magnifique encore avec ses couleurs vertes, argentées, brunes, lorsqu'il est en vente sur l'étal des marchandes de Paris, c'est surtout lorsqu'il sort de l'eau qu'il brille de tout son éclat.

Une fois, j'accompagnai des pêcheurs dieppois dans leur chasse nocturne. Arrivés sur le lieu où ils comptaient pêcher, ils laissèrent tomber des lignes de fond. La mer était agitée et moutonnait au loin; la lune, dans son plein, disparaissait à chaque instant derrière les nuages aux formes bizarres que le vent chassait rapidement... De temps en temps les pêcheurs soulevaient leurs lignes ; à chaque hameçon était accroché un maquereau. Rien ne peut rendre l'éclat nacré du bel animal lorsque la lune laissait tomber sur lui un de ses rayons. Son ventre argenté brillait d'une lueur phosphorescente : l'émeraude, la tourmaline, le saphir, la malachite, semblaient s'être unis pour l'émailler ; de toutes parts il scintillait de couleurs métalliques, chacun de ses mouvements était un éclair. Mais lorsque jeté dans le fond de la barque, il se débattait dans les dernières convulsions de l'agonie, ses couleurs comme celles du caméléon passèrent par mille nuances plus belles les unes que les autres, jusqu'à ce que la mort les eût ternies toutes. Les Romains se pâmaient d'admiration devant le Rouget, que n'eussent-ils fait devant le Maquereau !

Lorsque les légions de Maquereaux sont poursuivies par de dangereux ennemis, des cétacés le plus souvent, éperdues, folles de terreur, elles se précipitent vers la terre, pénètrent en rangs serrés dans toutes les anses, dans toutes les anfractuosités qui peuvent leur offrir un abri. Parfois, me disait à Dieppe un savant médecin, parfois les Maquereaux arrivent en telle quantité jusque dans les bassins antérieurs du port, qu'il suffit pour en prendre de plonger dans la mer un chapeau. Alors tout le monde se met en chasse; chacun s'arme de ce qu'il rencontre, filets, baquets, tamis, tout est bon pour capturer l'infortuné poisson. Malheureusement cette pêche miraculeuse ne se renouvelle pas souvent.

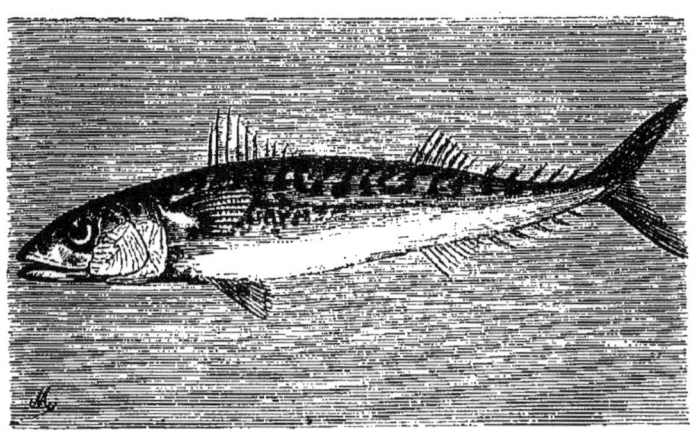

Fig. 100. — Maquereau.

C'est parmi les rochers que les femelles aiment à déposer leurs œufs; chacune d'elles en renferme, dit-on plusieurs centaines de mille; il n'est donc pas étonnant qu'ils forment des légions si nombreuses; et si une grande partie n'était détruite en bas âge par d'autres poissons, des Poulpes et des crustacés, la mer ne pourrait suffire, au bout de peu d'années à contenir les produits de leur reproduction.

A Dieppe, pendant la saison où la pêche est abondante, on en prépare un certain nombre en les vidant, les mettant dans du sel et les entassant ensuite comme les Harengs, dans des barils, ou en les embaumant, comme des Sardines, dans de l'huile.

Le Maquereau entrait dans la composition de ce fameux mets romain appelé *garum*, qui n'était autre chose que des sucs de divers poissons exprimés avec soin, puis mêlés dans certaines proportions.

## LA SARDINE

La sardine tire son nom de la Sardaigne; c'était en effet, sur les côtes de cette île que s'en faisait autrefois le plus grand commerce. Aujourd'hui les pêcheries les plus importantes sont celles de l'Océan Atlantique, depuis les Sables-d'Olonnes jusqu'à Douarnenez et celles de Cassis près Marseille.

Il n'est personne qui ne connaisse ce petit poisson, hors-d'œuvre presque obligatoire de nos repas, et cependant l'art de le préparer n'est pas ancien.

« On mange la Sardine fraîche, fumée ou salée, » disait Lacépède à la fin du dernier siècle, mais ce n'est que de nos jours qu'on a su la *confire* dans l'huile. Cependant elle était très-estimée depuis longtemps, et Épicharme en parle, dans ses vers, comme d'une des friandises servies à Hébé pour son déjeuner de mariage.

C'est un poisson de petite taille, à la tête pointue, au dos bleu veiné, aux côtes d'argent moirées de vert et de bleu.

Fig. 101. — Sardine.

La pêche de la Sardine emploie, sur les côtes de Bretagne, mille à douze cents embarcations. Chacune d'elles peut prendre, en un seul jour, de 25 à 30,000 individus, mais le plus souvent, la pêche est bien moins fructueuse, et on n'en prend que 8 à 10,000. En six mois, on en capture 600 millions, qui produisent un bénéfice de 5 millions de francs.

Il y a eu de véritables pêches miraculeuses de ces animaux comparables à celles du Hareng. En

1767, le 5 octobre, raconte Borlase, « dans la baie de Saint-Yves en Cornouailles, on a pêché 7,000 barriques de Sardines ; chacune en renfermait environ 35,000 ; total 245 millions. »

Vers le mois de juin, les Sardines arrivent en bandes compactes sur les côtes de la Bretagne, et au printemps dans la Méditerranée.

On les pêche avec de grands filets flottants ou avec des *seines*. Nous avons décrit cet engin à propos du Hareng ; il a ordinairement 21 brasses (120 pieds de longueur et 14 de hauteur). Il est formé de 240 mailles environ, plus ou moins, selon la grandeur de ces mailles. Seul, sans les plombs qui garnissent un de ses bords, ce filet coûte aux pêcheurs 52 francs, et exige une trentaine de jours de travail assidu pour la filetière. Les filets à la mécanique ont une moindre valeur, mais manquent, dit-on, d'élasticité : les mailles élargies par l'effort des poissons ne se resserrent pas d'elles-mêmes.

Les barques, montées de quatre ou cinq hommes, munies d'un assortiment de filets et de tonneaux d'appâts, se dirigent le plus tôt possible vers les parages de pêche. Une fois arrivés, on désempare, les voiles sont abaissées et rangées, le mât enlevé et abattu. S'il est besoin d'avancer, ce ne sera plus qu'à la rame ; puis, pendant que le patron prépare une seine, le mousse brasse dans un baquet deux sortes d'appâts, de la *rogue* et de la *gueldre* avec de l'eau de mer.

La *rogue* vient de Norwège et se compose d'intestins de morue fortement salés ; la *gueldre* est de la crevette embryonnaire qu'on recueille par charretées à l'entrée des marais salants et qu'on pile. L'odeur de ce mélange est épouvantable, et il faut être habitué dès l'enfance à cette pêche pour n'être pas écœuré au moment où les matelots plongeant leurs bras dans le puant baquet, saisissent les poignées d'appât pour les jeter à l'eau, des deux côtés de la seine.

Si la Sardine *donne*, on voit bientôt la mer devenir graisseuse des deux côtés des lièges du filet, et blanchir, couverte de fines écailles de poisson. On le retire alors ; deux hommes saisissent les bords et le tirent horizontalement hors de l'eau pendant que le reste de l'équipage dégage les Sardines prises par la tête dans les mailles à mesure qu'une nouvelle partie du filet est émergée. Les poissons tombent dans le fond du bateau et sont jetés aussitôt dans la soute.. Délicates au suprême degré, les Sardines meurent dans l'air en quelques secondes. Elles font entendre en mourant un bruit semblable au cri de la souris : ce bruit est dû à la rupture de leur vessie natatoire.

Le premier coup de filet indique la taille de la Sardine, extrêmement variable d'un jour et même d'une heure à l'autre, suivant les bandes sur lesquelles on tombe, et montre au pêcheur la grandeur de mailles dont il doit se servir avec le plus de succès : trop petites, elles ne laisseraient pas les Sardines s'empêtrer : trop grandes elles leur permettraient de s'échapper. Puis la pêche continue. On ne hisse la seine que lorsque la ligne de flotteurs fléchit, s'enfonce par le milieu sous les efforts des prisonniers ; c'est-à-dire lorsque le filet est chargé d'environ 3,000 sardines. Si le poisson pullule, on met plusieurs filets à l'eau en même temps, mais en tout cas, on s'arrange pour rentrer de bonne heure, de façon à ce que les Sardines puissent être salées et préparées le jour même : le lendemain elles seraient tournées.

La préparation de la Sardine forme une industrie des plus importantes. Dès que les Sardines sont débarquées, on les porte à la fabrique, où on leur fait subir tout d'abord l'*étêtage*. Des femmes assises devant une table, enlèvent d'un seul coup, soit avec l'ongle, soit à l'aide d'un petit couteau, la tête et les entrailles.

Puis on les nettoie, on enlève par le *lavage* le sel qu'avaient jeté sur elles les pêcheurs pour assurer leur conservation, et on les fait sécher sur des grils de fer.

Pendant ce temps d'autres ouvriers font bouillir de l'huile dans d'immenses bassins de cuivre

Les Sardines séchées sont plongées dans cette huile pendant une ou deux minutes, temps suffisant pour les *cuire*.

On les *égoutte* et on les *sèche* soit au soleil, soit dans une étuve.

Les Sardines passent ensuite à l'*emboîtage*. On les dispose par couches dans de petites boîtes de fer-blanc qu'on remplit d'huile d'olive et qu'on porte au *soudage*. Les soudeurs, armés de fers chauffés à blanc, ferment hermétiquement les boîtes. Mais quel que soit le soin avec lequel on ait fait toutes ces opérations, les Sardines ne se conserveraient pas, si l'on n'avait soin de les soumettre, dans leur boîte même, à l'ébullition. Elles sont alors propres à être livrées au commerce.

Dans plusieurs usines, au Croisic, à Pouliguen, à la Tremblade, par exemple dans celles appartenant à MM. Pellier frères, on utilisait les résidus gras de la fabrication pour faire, à l'aide d'un appareil dû à M. Jouanne, ingénieur civil, du gaz qui sert tout à la fois à l'éclairage des ateliers et au chauffage des appareils. Mais plusieurs de ces fabricants trouvent aujourd'hui qu'au prix où sont actuellement les engrais, il y a plus de profit à vendre aux cultivateurs ces déchets, et à employer l'appareil Jouanne pour distiller du charbon de terre.

Pour amorcer, les pêcheurs de Sardines emploient de préférence la *rogue*, ou intestins salés des Morues et des Maquereaux. Mais des essais très heureux tentés dans ces dernières années montrent qu'on peut aussi se servir pour cet usage d'un appât fait avec des *Capelans* frayés. On se rappelle que les capelans se trouvent par myriades sur les bancs de Terre-Neuve, et qu'on ne les utilise que pour la pêche de la Morue. Il est bien à désirer que son usage dans la pêche à la Sardine se généralise, car aujourd'hui le prix de plus en plus élevé de la rogue menace cette industrie d'une véritable destruction. Par exemple en 1859, à Concarneau, l'un des parages les plus productifs du littoral, 300 barques prirent part à la pêche. Chacune d'elle, montée par quatre hommes, s'empara en moyenne de 350 000 Sardines, valant 2,450 fr. (7 fr. le 1,000). Mais pour arriver à ce résultat, chaque barque avait dû user pour 1,650 fr. de rogue (30 barils à 55 fr.); il ne revint donc, en somme, que 800 fr., d'où il fallut défalquer 200 fr. de frais d'entretien du bateau[1]. Ainsi chaque homme, pour cinq mois de labeur, eut 150 francs !

[1] En 1879 l'abondance des Sardines était telle que leur prix est tombé à 1 fr. 75 le 1,000. Les fabriques ne suffisaient plus à la préparation. Les pêcheurs harassés étaient souvent obligés de jeter leur pêche à la mer, faute de trouver acquéreur !

LE THON

Le *Thon* (*Thymnus vulgaris*) (*fig.* 102) est un gros poisson : il pèse ordinairement de 50 à 200 livres. Son dos est bleu noir, son ventre argenté,

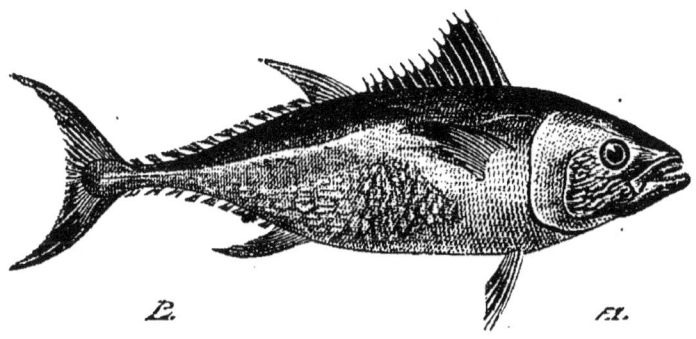

Fig. 102. — Thon.

ses nageoires sont dorées sur le dos, irisées sur les côtés.

Les Thons voyagent sans cesse. Ils vont par bandes et forment un triangle.

Les Basques les pêchent avec des lignes traînantes, qui portent des centaines d'hameçons, et les Provençaux avec une seine de 500 à 600 mètres de longueur ou avec la madrague.

La *madrague* est un véritable parc dont les murs

et haies sont en filets, avec des allées de chasse aboutissant à un vaste labyrinthe, composé de chambres qui communiquent toutes avec une chambre principale, appelée *Chambre de mort*.

Les murs de ce parc se développent parfois sur une étendue de plusieurs lieues. On les tient verticaux en fixant des pierres au bord inférieur et des liéges à l'autre; puis on les fixe solidement avec des ancres.

Le Thon arrive sans défiance, à fleur d'eau, et rencontre la paroi qu'il suit, pénétrant ainsi de chambre en chambre par des portes qui se referment derrière lui.

La *Chambre de mort* a pour fond un filet mobile, horizontal, qu'on soulève peu à peu lorsque le nombre des prisonniers est suffisant. Les Thons s'agitent, bondissent et, poussés par une barque qui occupent le milieu de la chambre, s'élancent contre les parois. C'est là que les attendent les pêcheurs qui les harponnent ou les tuent.

Il faut souvent deux ou trois hommes pour enlever un Thon ainsi saisi et enfilé par les ouïes.

Une seule madrague amène la capture de cent à deux cents Thons, et il faut un bateau à vapeur pour transporter ces immenses appareils.

On conçoit que les *madragues* coûtent des sommes considérables d'achat et d'entretien et détruisent des masses de poissons. Aussi appartiennent-elles ordinairement à des capitalistes ou à des compagnies qui accaparent ainsi la mer à leur profit. Si ce genre de pêche n'était aujourd'hui interdit sur une grande partie de nos côtes, la pêche du Thon deviendrait un monopole, et le pauvre pêcheur qui ne peut acheter qu'un simple filet, se verrait arracher son gagne-pain par le financier qui ferait installer des madragues. Aussi, est-il à souhaiter que jamais la défense d'employer ces engins ne soit levée, car ce serait enlever les poissons aux pêcheurs.

# CHAPITRE XI

## REPTILES ET OISEAUX

## XI

**LES TORTUES**

Toutes les Tortues françaises sont originaires de la Méditerrannée. Dès le printemps, on voit parfois nager à la surface de la mer, aux environs de Nice et d'Hyères, une Tortue presque sédentaire, qui ne nous abandonne qu'à l'hiver, la Couanne (*Chelonia couanna*). C'est la reine des Tortues de mer. Elle peut arriver à environ 1$^m$,26 de diamètre et dépasser le poids de 200 kilogrammes. Elle est du reste très-rare.

La Tortue franche, un peu plus petite, habite les mers tropicales, et n'arrive sur nos rivages que par accident. Il en est de même du *Caret*, dont l'écaille est utilisée par l'industrie.

Dans ces trois Tortues, la carapace est écailleuse; dans le *Luth*, elle est membraneuse, semblable à du cuir. La Tortue Luth, qui atteint jusqu'à 2 mètres de longueur, est rare. Un savant qui mériterait d'être plus étudié aujourd'hui, Rondelet, en avait acheté un individu à Frontignan (Hérault) : il la conserva chez lui,

Fig. 103. — Tortue couanne.

pendant quelque temps; elle faisait entendre un petit son confus et jetait des espèces de soupirs.

Lorsque la Tortue veut pondre, elle vient, pendant la nuit, sur le sable des plages, le creuse, dépose dans le trou des œufs à peu près sphériques, mous, transparents, puis les recouvre de déblais et retourne à la mer. La chaleur du soleil fait le reste : trois semaines après, les petits apparaissent nus complètement et grands comme des grenouilles ; à peine née, la jeune tortue s'achemine vers l'eau :

> Elle part, elle s'évertue,
> Elle se hâte avec lenteur ;

mais de nombreux ennemis la guettent. Les chats, les oiseaux de proie se précipitent sur le pauvre animal sans défense. S'il parvient à échapper à leurs griffes et à leurs serres, ce n'est le plus souvent que pour tomber dans les redoutables pinces des Crabes, ou pour périr sous la dent des poissons.

La Tortue franche est, au dire des gourmets, des Anglais surtout, un mets divin. Quant à la Tortue couanne, elle est huileuse et d'assez mauvais goût : c'est du reste un animal dont l'homme ne tire aucun profit, car son écaille, raboteuse et criblée de trous, ne peut être utilisée par l'industrie.

### LES OISEAUX BLANCS : LES MOUETTES — LE STERCORAIRE

De tous les animaux qui fréquentent nos côtes, les oiseaux sont les mieux connus. Grâce aux travaux de Vieillot, de Temminck, de Ch. Bonaparte, de Verreaux, de Paul Gervais, le recensement des oiseaux marins sédentaires ou de passage, rares ou communs, est aujourd'hui très-complet, et lorsqu'on en signale encore comme ayant échappé à ces observations, c'est presque toujours d'après des individus isolés, entraînés loin de leur route par des tempêtes ou de violents courants, mais dont l'apparition en France n'a rien de régulier.

Les plus répandus sur nos rivages, ceux dont le blanc plumage, tranchant admirablement sur le vert sombre de la mer, est le plus connu des promeneurs, sont les *Mouettes* ou *Goëlands*.

En réalité, ces noms devraient s'appliquer à des tribus ailées différentes, mais ordinairement on les donne indifféremment aux mêmes oiseaux. Leur taille est médiocre, leurs ailes bien fendues; leur bec tranchant, allongé, aplati sur les côtés, est renfoncé et recourbé en croc à l'extrémité. Leur plumage est blanc, excepté sur le dos et le dessus des ailes, dont le ton varie du gris bleuâtre le plus délicat au noir franc. Leurs pattes assez longues leur permettent de courir avec rapidité, et leurs doigts palmés, unis par une membrane comme ceux des canards, remplissent admirablement l'office de rames quand ils veulent nager.

Voraces, criards, ils voltigent sans cesse en piaillant à tue-tête au-dessus de la lisière des vagues, décrivant de grands cercles au-dessus de leurs proies, et assourdissant l'observateur de leurs cris retentissants; toutes les espèces, grandes et petites, s'épient, se guettent sans cesse pour se piller et se dérober réciproquement leurs proies. A peine une Mouette effleurant la surface de l'eau, a-t-elle, d'un coup de bec sec et rapide, frappé et saisi un malheureux poisson, que toutes ses compagnes, se précipitant sur elle, cherchent à lui enlever de force sa victime, dont chacune emporte quelques lambeaux qu'elle gobe sans s'arrêter.

Telle est leur gloutonnerie que, au dire de Buffon, elles s'enferrent elles-mêmes sur les pointes aiguës que les pêcheurs disposent en guise de piège et dont ils masquent la pointe en y plaçant un Hareng. Oppien, par une licence poétique qui n'est pas beaucoup trop hardie, alors qu'il s'agit des Mouettes, prétendait qu'elles viennent se briser le bec contre des figures de poisson peintes sur une planche!

Leur chair, au goût huileux, n'est pas mangeable, et leur plumage n'a aucune valeur; aussi les laisse-t-on se multiplier et s'ébattre en toute liberté.

Il est aisé de les faire vivre en domesticité. Buffon en a gardé près de quinze mois. Au jardin des Plantes, on en voit depuis plusieurs années. et M. Gallard en a conservé dans un petit bassin de l'aquarium du boulevard Montmartre pendant deux ans, sans qu'elles aient paru souffrir de la captivité ni de l'absence de lumière solaire remplacée par des becs de gaz.

Une scène fort amusante à voir est celle qui se produit lorsqu'un *Stercoraire parasite* habite les mêmes parages qu'une bande de Mouettes, ce qui arrive souvent.

Le *Stercoraire* ressemble beaucoup aux Mouettes par la taille et les traits; il leur ressemble aussi par la voracité mais non par l'ardeur pour la chasse. Aussi a-t-il trouvé un procédé commode pour se nourrir sans se donner grand mal : il se met à la suite des Mouettes et, dès que l'une d'elles a avalé un petit poisson, il la poursuit en volant, la harcèle, la tourmente, lui frappe le gésier de coups de bec violents et redoublés, et la contraint à dégorger le fretin, qu'il saisit au vol avec adresse avant que celui-ci soit dans l'eau.

Ces exploits cynégétiques du stercoraire ne lui fournissent pas seuls toute sa nourriture; il pêche aussi par lui-même. Mais alors il s'attache particulièrement aux bancs nombreux de harengs qui lui fournissent une proie abondante et aisée, qu'il n'a pas besoin de chercher activement.

#### LES OISEAUX NOIRS : PÉTRELS — GOËLETTES

Parfois, on trouve aussi en France des *Pétrels* au noir plumage, que les tempêtes semblent plonger dans la joie la plus grande. Dès que les vagues s'agitent, on voit ces oiseaux prendre leur essor en poussant de grandes clameurs, voleter de toutes parts, s'élancer sur la crête des lames, courir de flot en flot et se jouer au travers de l'écume. Dans le bassin de la Méditerranée, le *Pétrel-tempête* ne se voit plus, mais il est remplacé par un autre oiseau de même famille et de mêmes habitudes, le *Puffin cendré.*

Il ne faudrait pas confondre les Pétrels, qui ne sont jamais communs chez nous avec d'autres palmipèdes également noirs, mais faciles à reconnaître par leurs ailes longues et étroites, leur queue fourchue, leur pattes courtes, et qui sont très-répandus partout. Ce sont les *Goëlettes-sternes*, ou *Hirondelles de mer*, qui, comme les hirondelles de cheminée, ne s'arrêtent presque jamais et saisissent leur proie en volant.

Ces hirondelles de mer arrivent par troupes sur les côtes de l'Océan, au commencement de mai; là, elles se séparent en bandes, dont quelques-unes pénètrent dans l'intérieur des terres, dans l'Orléanais, la Lorraine, l'Alsace, ou remontent les fleuves et s'arrêtent sur les lacs et les étangs. Elles pondent sur les plages sablonneuses trois œufs seulement, les unes à même le sable nu, les autres derrière une touffe d'herbe. Elles ne couvent que la nuit, et laissent, pendant le jour, au soleil de mai, le soin de réchauffer leurs œufs, à moins qu'il ne pleuve. Sur certains écueils sablonneux, à l'embouchure de la Loire, les pêcheurs vont chaque année chercher les œufs de Goëlette et en recueillent des quantités incroyables. Ils sont, du reste, fort bons à manger, et les Américains les ont en grande estime. Les petits, éclos, ne reçoivent les soins maternels que quelques jours : presque en naissant, ils voltigent et ne tardent pas à être assez forts pour subvenir à leurs besoins. Ils se réunissent alors par groupes plus ou moins nombreux et commencent leur vie de chasses ardentes. Peu timides, les Goëlettes ne s'effrayent pas des coups de fusil, et, une des leurs vient-elle à être frappée, bien loin de fuir, elles accourent, l'entraînent et vont s'abattre avec elle sur les flots.

Parmi les autres palmipèdes que l'on trouve en France, nous citerons le *Plongeur cerf marin*, qui, sur le sol, ne peut se maintenir que dans une position verticale, et, maladroit dans sa marche, tombe sans cesse à plat ventre. Il vient passer une partie de l'hiver chez nous en compagnie des macreuses, et, au dégel, retourne dans les mers arctiques.

Les Macreuses (*Anas nigra*) forment des vols immenses composés de milliers d'individus. Lorsqu'elles arrivent en Picardie, la mer en est couverte. Moutons de Panurge ailés, une d'elles vient-elle à plonger, toutes les autres l'imitent ; elles sont bien proche parentes des canards et des oies, mais leur chair est loin de présenter les mêmes qualités que celles des deux volatiles. Elle est, au contraire, sèche, huileuse, désagréablement imprégnée d'odeur de poisson. Néanmoins on leur fait la chasse, et on trouve à les vendre dans les campagnes et les couvents. On les prend aisément en tendant horizontalement, à deux pieds au-dessus du sable, des filets à larges mailles. Les Macreuses, voyant au-delà les coquillages jonchant le sol, se précipitent pour les prendre et viennent s'empêtrer le cou et les pattes dans les filets.

Jamais les Macreuses ne nichent en France ; cette circonstance a donné lieu à une fable étrange. On a prétendu que ces oiseaux ne pondaient pas, qu'ils devaient leur origine à une métamorphose de certains crustacés à coquille (les anatifes), qu'on trouve sur le bois pourri. Quant à ces animaux eux-mêmes, les opinions différaient sur leur nature. Les uns les regardaient comme des champignons, les autres comme des vers nés de la putréfaction des solives par génération spontanée; d'autres encore pensaient que c'étaient de mystérieuses créations formées sous l'influence stellaire. « Je trouve, disait Michel Majorus, la *cause efficiente* de la génération de cet oiseau dans le soleil, qui concourt à toutes les générations par sa chaleur vivifiante. La *cause matérielle*, c'est le bois pourri, la *cause finale*, c'est la gloire de Dieu et l'ornement du monde! » Remarquons que cette curieuse tradition a cours en Angleterre aussi; seulement elle s'y applique, non plus aux Macreuses, mais aux oies bernache, qui pondent dans le Groënland et sont excessivement rares chez nous[1].

Le *Cormoran*, au corps massif, disgracieux, lourd, se rencontre en toutes saisons, bien que ce soit un oiseau migrateur.

L'*Huîtrier* ou *Pie de mer* n'est pas à proprement parler un oiseau aquatique, puisque ses pieds ne sont pas palmés; mais c'est au moins un fidèle habitant des plages, sur lesquelles il court chercher sa nourriture, ouvrant adroitement avec son bec fort et pointu les valves fermées des Huîtres, des Moules et des Couteaux. Cette classe des oiseaux de rivage est nombreuse, et nous nous contenterons d'en citer un exemple.

[1] Pour plus de détails sur ces légendes, consulter *les Monstres marins*, p. 153.

# CHAPITRE XII

## LES AMPHIBIES

## XII

#### CÉTACÉS — PHOQUES

Jadis les baleines fréquentaient en grand nombre le golfe de Gascogne, et les Basques avaient acquis un renom pour l'habileté qu'ils montraient dans la pêche de ce cétacé. L'époque de la plus grande splendeur de cette pêche fut les douzième et treizième siècles; mais, en 1358, la capture annuelle devait en être encore bien considérable, car Édouard III d'Angleterre, alors duc de Guyenne, ordonna qu'une flotte fut créée et entretenue à l'aide seulement des droits seigneuriaux qu'il prélevait sur la capture de chaque baleine.

Biarritz était le centre de cette industrie. Les habitants payaient même leurs redevances en Baleines, et se servaient des os et des vertèbres de ces monstrueux animaux comme de siège et de pieux pour enclore leurs champs et construire leurs ponts et leurs maisons. Diverses abbayes normandes avaient droit de redevance sur les Baleines prises à Duro, à Merry, à Saint-Valery-sur-Somme, etc.

Aujourd'hui on n'en trouve plus dans nos parages ; sans cesse pourchassées, elles ont fui et se sont réfugiées au milieu des glaces polaires. A peine de loin en loin quelque grand cétacé s'approche-t-il des côtes, et les marins considèrent sa capture comme un événement inouï. Encore n'est-ce même jamais la vraie Baleine, la *Baleine franche*.

En compensation, les *Marsouins* (*fig.* 104) abondent partout. Ils sont aisés à reconnaître à leur dos noir, leur ventre blanc, leurs courtes nageoires et leur museau tronqué et arrondi.

Il faut les voir, quand la mer se ride, s'élancer par bandes de six ou huit, jouer, bondir, nager avec rapidité, culbuter, faire jaillir l'eau en la frappant violemment de leur queue ; lutter entre eux de vitesse, tantôt plongeant sous les eaux, tantôt effleurant légèrement la crête des vagues.

Comme la Baleine, comme le Cachalot, comme tous les autres Dauphins, comme tous les cétacés enfin, le Marsouin est un mammifère. Il ne peut vivre sous l'eau, et de temps en temps il est contraint de venir respirer à la surface. Lorsque de jeunes Marsouins viennent à s'entortiller dans les

Fig. 104. — Marsouins mâle et femelle.

filets des pêcheurs, ils y périssent asphyxiés.

C'est ce qui était arrivé à l'un deux, que j'achetai à la criée, dans un de nos petits ports de la Manche. Ne croyez pas que cette acquisition fût une folie : on me le vendit 1 fr. 50, et pour cette faible somme, j'eus le plaisir bien vif, pour ceux qui aiment l'histoire naturelle, de voir de mes propres yeux la curieuse organisation qui l'approprie au milieu qu'il habite. Comme les Marsouins sont forcés parfois de rester assez longtemps sans respirer, leurs veines intercostales se ramifient en un réseau compliqué qui forme une sorte de réservoir dans lequel le sang veineux s'accumule lorsqu'il ne peut être révivifié par la respiration[1]; car s'il venait à s'introduire dans les artères sans avoir été aéré, l'animal expirerait immédiatement. Les Marsouins se nourrissent de mollusques et de poissons : lorsqu'une proie est dans leur bouche, ils s'enflent la langue, la collent au palais, et chassent ainsi toute l'eau. Ils respirent par des évents qui sont placés au sommet de la tête. L'eau qui péné-

---

[1] On sait que la respiration a pour but de rendre rouge et sain le sang noir et vicié qui vient de servir à nourrir la substance organique. Le sang noir passe par les veines pour venir aux poumons ; de là, révivifié et rougi, il retourne au corps par les artères. Le cœur est le moteur qui lui fait suivre ces directions.

tre avec l'air dans les conduits s'amasse dans des poches spéciales que l'on peut voir en *b* et *c* sur notre coupe anatomique. De temps en temps, les muscles qui entourent ce sac se contractent, et le li-

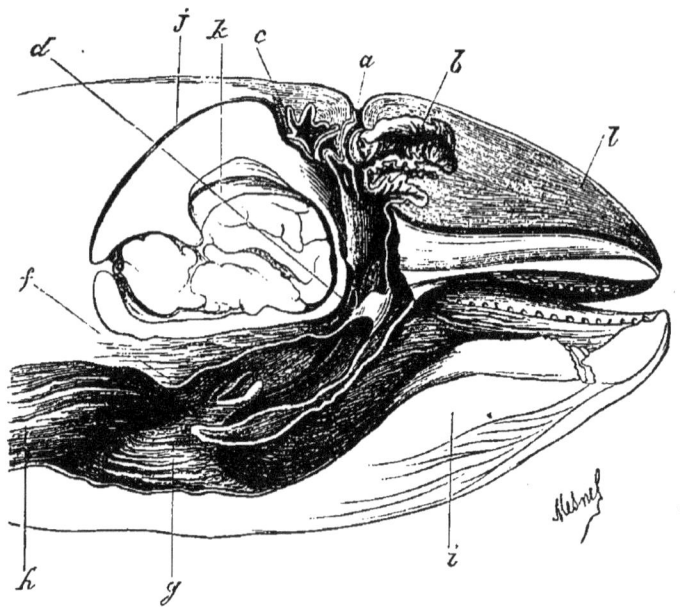

Fig. 105. — Appareil souffleur du Marsouin.

*a*, évent; — *bc*, poche; — *l*, mâchoire supérieure; — *d*, fosse nasale — *k*, cerveau; *j*, crâne; — *i*, mâchoire inférieure; — *h*, œsophage; — *g*, ouverture de la trachée-artère.

quide qu'il contenait est rejeté au dehors en même temps que l'air qui a servi à la respiration (*fig.* 105).

Les Marsouins ont des mamelles. Les femelles allaitent leurs petits, les tenant serrés contre elles avec leurs nageoires, et nageant de côté pour leur maintenir la tête hors de l'eau. Ils sont peu farouches et nullement dangereux. Souvent on les voit prendre leurs ébats tout près des baigneurs surtout lorsque la mer est profonde, comme au Havre. Parfois même ils remontent dans les fleuves, et on raconte qu'on en a pris un dans la Seine, près de Paris.

Outre les Marsouins (*Delphinus phocena*), on voit sur nos côtes de la Méditerranée et de l'Océan le Dauphin (*D. Delphis*), le Nésarnack (*D. Tursio*), le *D. rostrotus*, l'*Epaulard* (*D. Orca*), le Dauphin de Dale (*D. Dalei*), le *Globiceps* (*D. niger*), l'*Hyperoodon Butzkopf*, le Cachalot (*Physeter macrocephalus*, le *Ziphius cavirostris*), le Rorqual (*Rorqualus antiquorum*). Mais ces cétacés sont tous de passage dans nos mers. Ils voyagent par bandes, sous la direction d'un chef. Lorsque celui-ci vient à échouer soit en faisant fausse route, soit poursuivi par les pêcheurs, tous ses compagnons se précipitent dans la même direction et viennent mourir sur le sable. Le 7 janvier 1812, des marins de Ploubazlanec, près Saint-Brieuc, firent ainsi échouer le chef d'une troupe de *Globiceps*. En entendant ses mugissements, tous les autres cétacés, au nombre de soixante-dix individus, le suivirent et furent pris avec lui. En 1784, sur le sable près de la baie d'Audierne (Finistère) on trouva trente-deux *Cachalots*. Mais ces accidents sont rares, au grand regret des habitants de la côte[1].

Les cétacés ne sont pas les seuls mammifères marins qu'on puisse observer en France. Les Phoques descendent aussi des mers froides jusque dans les eaux de la Manche. Des troupes nombreuses de Veaux marins viennent annuellement mettre au monde leurs petits dans la baie de la Somme, où elles donnent lieu à des chasses et à un commerce assez considérable. On a constaté aussi, mais rarement, la présence sur les côtes du Languedoc et de Provence du Phoque moine (*Phoca monachus*).

---

[1] En août 1879 un cachalot femelle est venu s'échouer près de Lorient.

# CONCLUSION

# CONCLUSION

### LES MERS FRANÇAISES.

Le plus grand géographe de l'antiquité[1] disait de la Gaule que la Providence s'était plu à répandre sur elle ses dons les plus heureux.

L'illustre Grotius a proclamé la France « le plus beau royaume après celui du ciel. »

Ce sont là deux autorités qu'on ne peut pas accuser d'un aveuglement patriotique. A quelque point de vue que l'on considère notre pays, il est impossible de ne pas reconnaître que c'est une terre vraiment privilégiée. Mais, pour ne pas sortir de notre sujet, nous ne voulons l'admirer ici que sous le rapport de sa situation géographique et de son histoire naturelle. Pour celui qui cul-

---

[1] Strabon.

tive les sciences naturelles, la France n'a point de rivale. Le géologue, sans sortir de notre territoire, trouve des exemples remarquables de tous les terrains. La fertilité de notre sol, la richesse de nos cultures, la différence du climat des régions du Nord et de celles du Midi, assurent aux botanistes une flore variée. Sur les cimes glacées des Alpes, du mont Blanc, croissent les plantes de la Norwége et du Spitzberg ; sur les côtes bien abritées de la Méditerranée apparaissent les fleurs des pays chauds, tandis que la Touraine, l'Ile-de-France, la Picardie, sont couvertes de végétaux des zones tempérées. La zoologie terrestre, qui dépend, comme la flore, de l'influence des climats, nous montre côte à côte, pour ainsi dire dans notre pays, les animaux septentrionaux et méridionaux. Quant à la faune maritime, la France est, s'il est possible, encore mieux partagée ; seule en effet, de toutes les nations européennes, elle est baignée tout à la fois par la mer du Nord et par la Méditerranée, c'est-à-dire par la plus froide et par la plus chaude des mers tempérées. De plus, sur les côtes de Bretagne, se brise le fameux courant d'eaux chaudes du Mexique, le Gulf-Stream qui vient apporter un puissant élément de plus à la variété climatologique de nos rivages.

Aussi ne saurait-on assez s'étonner de voir la plupart des naturalistes français, qui ont à la portée de leurs yeux et de leurs mains de si grandes richesses, préférer trop souvent l'exploration des mers lointaines. On a presque honte de dire qu'on ne saurait encore, tant s'en faut, faire le relevé exact des espèces que nourrissent nos côtes. De grands naturalistes ont cependant donné l'exemple. Jadis B. de Jussieu étudia la Manche en même temps que Guettard, et c'est aussi dans cette mer que Cuvier trouva les mollusques sur lesquels il fit ses immortelles recherches. De nos jours, d'illustres savants tels que MM. Audouin et Milne Edwards d'abord, puis Quatrefages, Blanchard et Dujardin, Lacaze-Duthiers, et enfin Vaillant, Gerbe et G. Pouchet, ont à leur tour étudié les habitants de nos mers ; mais, malgré l'inportance et le nombre de leurs travaux, auxquels il faut ajouter ceux de MM. Charles Martins, Deshayes, Michelin, Caillaud, etc., il reste encore beaucoup à faire pour connaître notre faune maritime.

C'est là une vérité qu'il ne nous paraît pas inutile de livrer à toute la publicité possible. Mille fois, lorsque nous engagions des personnes qui voyageaient ou séjournaient sur nos plages à en étudier les productions naturelles, elles nous ont répondu : « A quoi bon ? Tous les animaux d'ici sont si connus, il n'y a plus rien à trouver ! » Rien à trouver ! mais le nombre des êtres ignorés ou mal observés, près desquels le pêcheur passe chaque jour, est beaucoup plus considérable que celui des êtres bien connus. Les naturalistes peuvent décrire la forme d'un certain nombre de poissons. de mollusques, de rayonnés, d'annélides : ils ne savent à peu près rien sur leurs mœurs et leurs habitudes. Or il n'est pas besoin d'être docteur ès sciences pour étudier la vie des animaux. Il ne faut que de la sagacité et de la patience.

Touristes qui foulez d'un pied indifférent les plages de Trouville, d'Arcachon ou de Nice, arrêtez vos regards sur tout ce qui vous entoure, suivez ou ramassez avec soin les êtres que vous rencontrez, examinez, réfléchissez, et vous pouvez être à peu près certains que, parmi vos observations, il s'en trouvera beaucoup qui n'auront pas encore été faites.

Si, encouragés par de premiers succès, vous voulez ouvrir un ouvrage spécial, ou consulter un savant, le goût de l'histoire naturelle pourra bien s'emparer de vous, et vous lui devrez des jouissances d'esprit que vous regretterez de ne pas avoir connues plus tôt.

Qu'il nous soit encore permis, avant de terminer ce petit livre, de donner à nos lecteurs quelques indications générales.

La Manche nourrit des milliers d'animaux qui sont repartis selon certaines lois.

Lorsqu'on suit les côtes de Dunkerque à l'extrémité de la Bretagne, on remarque aisément que chaque localité a sa faune spéciale, ses habitants particuliers. Par exemple, les *Anémones de mer* qu'on trouve à Dieppe sont toutes différentes de celles qu'on recueille à Cherbourg. Notons en passant que ce sont surtout ces deux localités qui fournissent à l'aquarium du Jardin d'acclimatation de Paris les êtres marins qu'il expose pittoresquement à la curiosité et à l'admiration du public.

Nous avons dit qu'outre les animaux, qui naissent, vivent et meurent sur le même sol, il en est que leurs habitudes nomades nous ramènent périodiquement. Comme les premiers, ils ne se montrent qu'en certains endroits, toujours les mêmes. Il est donc possible de dresser une carte des contrées maritimes habitées par divers animaux (*fig.* 106). Par exemple, de Boulogne au Havre on pêche le *Hareng*; du Havre à Dinan, les *Huîtres*; mais, sur toutes ces côtes, de Dunkerque à Saint-Brieuc, on rencontre le *Maquereau*; de Paimpol en Bretagne jusqu'aux Pyrénées, la *Sardine* abonde; de Marennes à Royan, on pêche quelque peu les *Huîtres;* enfin les côtes de la Méditerranée sont fréquentées surtout par le *Thon* et l'*Anchois*.

[1] On trouve aussi la Sardine dans la Méditerranée, mais elle n'y fait pas l'objet d'un grand commerce comme dans l'Atlantique.

Si l'on peut classer les habitants de la mer d'après les côtes qu'ils préfèrent il ne faut pas oublier que, dans chaque localité, ils se répartis-

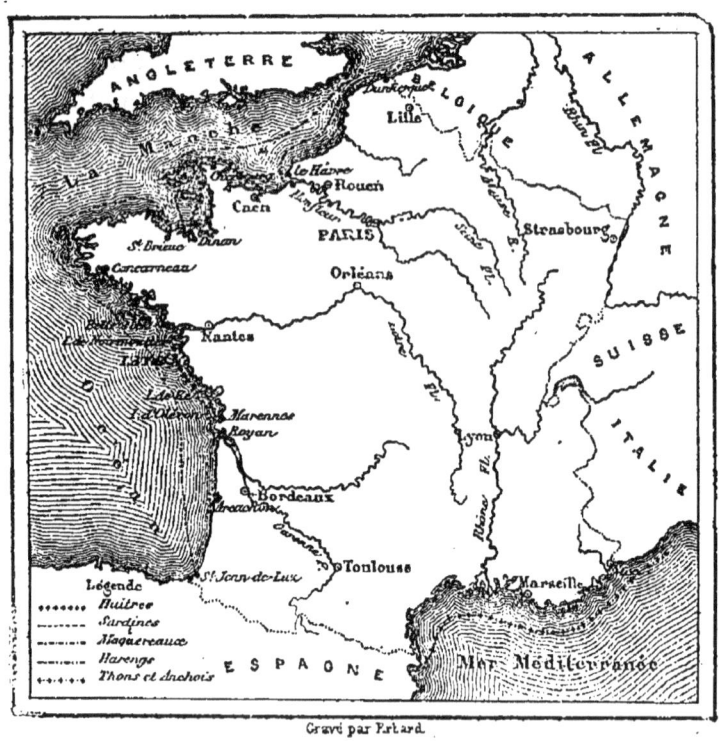

Fig. 106. — Carte des grandes pêches côtières de France.

sent suivant d'autres lois, depuis la terre ferme jusqu'au centre de l'Océan, formant ainsi des zones successives.

Lorsque de la falaise, pendant le reflux, nous nous dirigeons vers la pleine mer, nous ne rencontrons d'abord que des roches qui restent toujours à sec pendant les marées ordinaires. Quelques *varechs* bruns, désséchés et rabougris, pendent accrochés à leurs flancs et, seules, des *Balanes*, adhérentes à la pierre, fermées hermétiquement, bravent le long séjour à l'air et au soleil.

Puis viennent des rochers que couvre la mer haute pendant la morte eau. De petites flaques d'eau salée séjournent à leur base. Les *varechs* qui les couvrent sont plus vivaces, plus touffus. Sur les algues errent des *Turbos* à la coquille blanche ou brune, des *Pourpres*, des *Nasses*, etc. Sur les surfaces planes du rocher sont collées des *Patelles* et des *Actinies*, ou anémones de mer, de couleur rouge. Si la plage est de sable fin, on découvre des *Talitres*, des *Annélides*, dont le tube surmonté d'une aigrette soyeuse se dresse au-dessus du sol.

Plus loin encore, aux endroits que la mer n'abandonne qu'aux heures de fortes marées sur les rochers que bat le flot mais qui sont assez gros pour rester en place, vivent des *Moules* innombrables, dont les individus, serrés les uns contre les autres, le tranchant en avant, revêtent la pierre d'une couche noire et tranchante comme un scarificateur : on y trouve aussi des *Patelles*, des *Actinies vertes*, des *Mollusques nus*. Les pierres mobiles abritent des *Crabes*, l'*Étrille* bleue, la *Porcelaine*, et des *Doris*, des *Éponges* des mollusques aplatis, rampants, agglomérés. Parfois la plage est littéralement couverte d'une algue, que les pêcheurs appellent *Herbiers* et les botanistes *Zostera marina*; alors on voit ramper des milliers de petits coquillages, des *Cérites*, des *Risoas*, etc. Le même niveau, lorsqu'il est occupé par du sable peu vaseux, renferme des bivalves qui s'enfoncent sous le sol, des *Vénus*, la *Bucarde comestible*, des *Solens* ou *Couteaux*, et des *Annélides*.

La quatrième zone, dans laquelle on pénètre ensuite, n'est à sec que dans les plus fortes marées. De grandes algues semblables à de longs rubans (*laminaires*) se cramponnent aux rochers.

A leur pied se fixe une coquille, la *Patella pellucida*, des *Actinies* s'attachent à la pierre, des *Astéries* ou étoiles de mer se tordent à la surface.

Enfin viennent les rochers que la mer n'abandonne jamais. C'est sur ceux-là que la drague arrache l'*Huître*, le *Peigne* ou *Coquille Saint-Jacques*, les *Serpules*, les *Astéries velues*, les gros *Crabes tourteaux*, les *Homards*, les *Langoustes*, etc.

Après ces rochers, le lit de la mer se creuse de plus en plus, et à mesure qu'on s'éloigne des rivages, l'onde est de moins en moins peuplée. L'un des plus curieux faits découverts par les naturalistes modernes est qu'au plus profond de la mer, le sol est presque exclusivement composé d'une immense accumulation de coquilles microscopiques. Ces coquilles sont les enveloppes calcaires d'animaux infusoires, les *Foraminifères* (*fig.* 107). Ce sont elles, à l'état fossile, qui composent la craie de Paris. Les unes ont la forme d'un pepin de pomme, d'autres d'une cosse de haricots, etc.

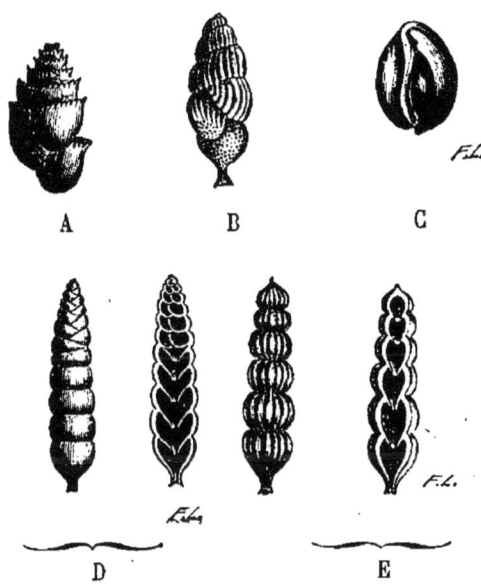

Fig. 107. — Foraminifères.
A. Uvigérine. — B. Bulimie. — C. Trilocutine. — D. Bigénérine.
E. Nodosaire

Cette prodigalité avec laquelle la vie est répandue dans les eaux n'est-elle pas déjà une merveille ?

Mais si l'on va plus loin, si l'on étudie la forme, l'organisation, les mœurs de chacun des habitants de la mer, c'est alors que le naturaliste attiré, étonné, éperdu, haletant, ne sait, parmi tous les objets qui s'offrent à lui, ce qu'il doit le plus admirer. Il cherche, il compare : tout est extraordinaire, tout est digne d'attention et d'étude, et il ne peut que s'incliner devant la fécondité de la nature et admirer l'infinie variété des manifestations de la vie.

Les animaux et les plantes aquatiques, ainsi que nous avons essayé de l'indiquer, ne sont pas les seules merveilles que présentent nos plages. Nous avons effleuré bien des sujets : nous n'avions garde de vouloir en approfondir aucun. Notre seul désir a été d'éveiller des curiosités utiles.

« Les mêmes pensées, dit Pascal, poussent quelquefois tout autrement dans un autre que dans leur auteur ; infertiles dans leur champ naturel abondantes étant transplantées. »

# TABLE DES FIGURES

Chapitre Iᵉʳ. — **La Mer.**

1. Noctiluque, Rhizopode phosphorescent. . . . . . . . . 14

Chapitre II. — **Nos Côtes.**

2. Falaises de Fécamp à Étretat. . . . . . . . . . . . . 34
3. Falaises entre le Havre et Luc. . . . . . . . . . . . 50
4. Falaises de la Hague, de Granville et de Biarritz. . . . 51

Chapitre III. — **L'Homme et la Mer.**

5. Phare actuel de Cordouan. . . . . . . . . . . . . . . 70
6. Lentille à échelons. . . . . . . . . . . . . . . . . . 71

Chapitre IV. — **Les Algues ou Plantes Marines.**

7. Zoospores. . . . . . . . . . . . . . . . . . . . . . . 79
8. Anthérozoïdes. . . . . . . . . . . . . . . . . . . . . 79
9. Varech vésiculeux. . . . . . . . . . . . . . . . . . . 81
10. Fucus vermifugo. . . . . . . . . . . . . . . . . . . 82
11. Zonaire paon. . . . . . . . . . . . . . . . . . . . . 84
12. *Plocamium vulgare*. . . . . . . . . . . . . . . . . 84

Chapitre V. — **Les Zoophytes.**

13. Polypes du Corail. . . . . . . . . . . . . . . . . . 95
14. 16. Anémones de mer (Actinies). . . . . . . . . . 97, 101
15. Pennatule grise. . . . . . . . . . . . . . . . . . . 99
17. Campanulaires. . . . . . . . . . . . . . . . . . . . 103
18. Méduse de la Campanulaire (jeune). . . . . . . . . . 104
19. Méduse commune. . . . . . . . . . . . . . . . . . . 105
20. Éleuthéries. . . . . . . . . . . . . . . . . . . . . 106
21. Praya diphye. . . . . . . . . . . . . . . . . . . . 107
22. Apolémie contournée. . . . . . . . . . . . . . . . 108
23. Holothuries. . . . . . . . . . . . . . . . . . . . . 109
24. Étoile de mer. . . . . . . . . . . . . . . . . . . . 110
25. Ophiure cassante. . . . . . . . . . . . . . . . . . 111
26. Ophiure du Calvados. . . . . . . . . . . . . . . . . 112
27. Pentacrine d'Europe. . . . . . . . . . . . . . . . . 113
28. Comatule de la Méditerranée. . . . . . . . . . . . 114

## TABLE DES FIGURES.

29. Oursin comestible . . . . . . . . . . . . . . . . . . . 115
30. Oursin livide (dépouillé de ses piquants). . . . . . . . 116
31. Coupe d'un Oursin montrant la *lanterne d'Aristote*. . . 116
32. Anatomie de l'Oursin. . . . . . . . . . . . . . . . . . 117

CHAPITRE VI. — **LES MOLLUSQUES.**

33. Coupe du Poulpe. . . . . . . . . . . . . . . . . . . . 122
34. Appareil circulatoire du Poulpe. . . . . . . . . . . . 123
35. Corps du Poulpe fendu. . . . . . . . . . . . . . . . . 125
36. Œufs de Céphalopodes. . . . . . . . . . . . . . . . . . 125
37. Poulpe ou Pieuvre. . . . . . . . . . . . . . . . . . . 127
38. Poulpe à l'affût. . . . . . . . . . . . . . . . . . . . 129
39. Calmar et son os. . . . . . . . . . . . . . . . . . . . 133
40. Anatomie du *Turbo pica*. . . . . . . . . . . . . . . . 134
41. Anatomie du Colimaçon. . . . . . . . . . . . . . . . . 135
42. Murex érinacé et Bigorneau perceur. . . . . . . . . . . 136
43. Porcelaine coccinelle. . . . . . . . . . . . . . . . . 137
44. Buccin ondé. . . . . . . . . . . . . . . . . . . . . . 157
45. Pourpre des teinturiers. . . . . . . . . . . . . . . . 138
46. Patelle vulgaire. . . . . . . . . . . . . . . . . . . . 139
47. Taret et fragment de poutre perforé par cet animal. . . 140
48. Carde comestible (coque). . . . . . . . . . . . . . . . 142
49. Pholade dactyle. . . . . . . . . . . . . . . . . . . . 143
50. Mie des sables et Mie troquée. . . . . . . . . . . . . 144
51. Peigne (Pétoncle), ou Coquille de saint Jacques. . . . 145
52. Anatomie de l'Huître. . . . . . . . . . . . . . . . . . 147
53. Couteau . . . . . . . . . . . . . . . . . . . . . . . . 148
54. Aplysie, ou Lièvre de mer. . . . . . . . . . . . . . . 150
55. Éolidiens. . . . . . . . . . . . . . . . . . . . . . . 150
56. Éolidien de la Méditerranée. . . . . . . . . . . . . . 153
57. Actéon des côtes de la Manche. . . . . . . . . . . . . 151
58. Jeune Mollusque nu. . . . . . . . . . . . . . . . . . . 152
59. Éolidiens. . . . . . . . . . . . . . . . . . . . . . . 153
60. Flustre foliacée. . . . . . . . . . . . . . . . . . . . 154

CHAPITRE VII. — **LES MOLLUSQUES CULTIVÉS.**

61. Drague. . . . . . . . . . . . . . . . . . . . . . . . . 161
62. Morceau de bois chargé d'Huîtres. . . . . . . . . . . . 165
63. Moules . . . . . . . . . . . . . . . . . . . . . . . . 171
64. Bouchoteur parcourant les *bouchots* dans son acon. . . 173
65. Claies garnies de Moules. . . . . . . . . . . . . . . . 174

CHAPITRE VIII. — **ANNELÉS.**

66. Chétoptère de Valenciennes. . . . . . . . . . . . . . . 181
67. Serpules et Sabelle. . . . . . . . . . . . . . . . . . 182
68. *Apneuma pellucida*. . . . . . . . . . . . . . . . . . 183
69. Branchellion . . . . . . . . . . . . . . . . . . . . . 184
70. Aphrodites hérissées (Souris de mer). . . . . . . . . . 185
71. Anatomie d'une Annélide. . . . . . . . . . . . . . . . 186
72. Nemerte . . . . . . . . . . . . . . . . . . . . . . . . 188

# TABLE DES FIGURES.

| | |
|---|---|
| 73. Syllis | 189 |
| 74. Anatomie du Crabe tourteau | 190 |
| 75. Appareil circulatoire du Homard | 192 |
| 76. Crabe enragé | 195 |
| 77. Crabe tourteau | 196 |
| 78. Crabe araignée | 197 |
| 79. Crabe étrille | 198 |
| 80. Crevettes (Crangon et Palémon) | 199 |
| 81. Tête du Palémon | 200 |
| 82. Homard et Langouste | 201 |
| 83. Bernard-l'Ermite | 203 |

**CHAPITRE IX. — LES POISSONS.**

| | |
|---|---|
| 84. Tête osseuse du Poisson | 219 |
| 85. Anatomie d'un Poisson | 219 |
| 86. Poisson âgé de trois jours (très-grossi) | 220 |
| 87. Œufs de Squale | 221 |
| 88. Plie franche et Limandelle | 223 |
| 89. Le cheval marin (Hippocampe) | 226 |
| 90. Syngnathes | 227 |
| 91. Chabot | 22 |
| 92. Roussette (Chien ou Chat de mer), et Vieille de mer | 239 |
| 93. Blennie | 255 |
| 94. Mulet | 257 |
| 95. Raie bouclée | 239 |
| 96. Turbots | 241 |
| 97. Soles et Limandes | 245 |
| 98. Anchois | 250 |

**CHAPITRE X. — GRANDES PÊCHES.**

| | |
|---|---|
| 99. Hareng | 259 |
| 100. Maquereau | 265 |
| 101. Sardine | 267 |
| 102. Thon | 271 |

**CHAPITRE XI. — REPTILES ET OISEAUX.**

| | |
|---|---|
| 103. Tortue couanne | 280 |

**CHAPITRE XII. — LES AMPHIBIES.**

| | |
|---|---|
| 104. Marsouins mâle et femelle | 295 |
| 105 Appareil souffleur du Marsouin | 296 |

**CONCLUSION.**

| | |
|---|---|
| 106. Carte des grandes pêches côtières de France | 306 |
| 107. Foraminifères | 309 |

# TABLE DES MATIÈRES

| | |
|---|---|
| Chapitre I<sup>er</sup>. — **La Mer**. | 1 |
| La Mer | 5 |
| Les Nuages et les Courants. | 5 |
| Les Vagues. — Les Mascarets. | 8 |
| Couleur de l'eau de la mer. — La phosphorescence. | 11 |
| Les Marées. | 16 |
| Composition chimique de la mer. — Marais salants. | 21 |
| Action médiatrice de la mer. — Les Bains. | 26 |
| Chapitre II. — **Nos Côtes**. | 31 |
| Configuration des Côtes. — Profondeur de la mer. | 33 |
| Action de la mer sur les Falaises. — Ce que la mer détruit, ce qu'elle apporte. | 40 |
| D'où viennent le Sable et les Galets. — Les Dunes. — Brémontier. | 44 |
| Les Bancs de Sable. | 48 |
| Géologie des Côtes. — Les Fossiles. — Nature des terrains. | 49 |
| Chapitre III. — **L'Homme et la Mer**. | 55 |
| Ports naturels et Ports artificiels. — Les Môles et les Jetées. | 57 |
| Bassins de retenue et Écluses de chasse. — Les Digues. — Cherbourg. | 60 |
| Sémaphores. — Phares. | 64 |
| Balises. — Bouées. — Feux flottants. | 73 |
| Chapitre IV. — **Les Algues ou Plantes marines**. | 75 |
| La Côte à marée basse. — Sujets d'observation et d'étude. | 77 |
| Les graines des Algues se meuvent. | 78 |
| Varech vésiculeux. — Mousse de Corse. — Laminaire sucrée. — Ulve comestible. — Zonaire paon, etc. | 80 |
| Herbiers marins. | 85 |
| Chapitre V. — **Les Zoophytes**. | 91 |
| Les Polypes, les Éponges, les Actinies, les Méduses, les Oursins. | 93 |
| Chapitre VI. — **Les Mollusques**. | 119 |
| La Pieuvre, la Moule, l'Huître, la Pourpre, la Porcelaine, les Éolidiens | 121 |

| | |
|---|---|
| Chapitre VII. — **Les Mollusques cultivés**. | 157 |
| Culture de l'Huître. | 159 |
| Culture de la Moule. | 170 |
| Chapitre VIII. — **Annelés**. | 177 |
| Annelés | 179 |
| Les Annélides, la Serpule, la Sabelle, l'Eunice, la Nemerte, les Syllis. | 180 |
| Les Crustacés, Crabes, Homard, Langoustes, Crevettes, le Bernard-l'Ermite, les Balanes. | 190 |
| Chapitre IX. — **Les Poissons**. | 205 |
| Comment on les prend. | 207 |
| Comment on les conserve. — L'Aquarium. | 209 |
| Comment on transporte vivants les Poissons et les Mollusques. | 211 |
| Un naturaliste plongeur. | 212 |
| Stations des Poissons de nos côtes.—Migrations.—Statistique de la mer. | 214 |
| Anatomie des Poissons. — Comment ils multiplient et se développent. | 218 |
| Habitudes des Poissons. — Filets fixes. | 222 |
| Crapaud de mer. — Chabots. — Cottes. — Meuniers, etc. — Les Poissons venimeux. | 225 |
| Ce que contiennent les bateaux de pêche. — Congre, Merlan, Mulet, Raie, Turbot, Sole, Plie, Carrelet ou Barbue, Limande. | 231 |
| Le faux Bar, l'Equille, la Torpille, l'Anchois, les Nonnats, la Rémora, le Maquereau du Midi. | 247 |
| Chapitre X. — **Grandes Pêches**. | 253 |
| Les grandes Pêches de Poissons sur les côtes. | 255 |
| Le Hareng | 259 |
| Le Maquereau. | 263 |
| La Sardine. | 266 |
| Le Thon. | 275 |
| Chapitre XI. — **Reptiles et Oiseaux**. | 277 |
| Les Tortues. | 279 |
| Les Oiseaux blancs. — Le Stercoraire. | 281 |
| Les Oiseaux noirs : Pétrels, Goélettes. | 285 |
| Chapitre XII. — **Les Amphibies**. | 289 |
| Cétacés. — Phoques. | 291 |
| Conclusion | 299 |
| Les Mers françaises. | 301 |
| Table des figures. | 511 |
| Table des matières. | 515 |

24016 — TYPOGRAPHIE LAHURE, RUE DE FLEURUS, 9.

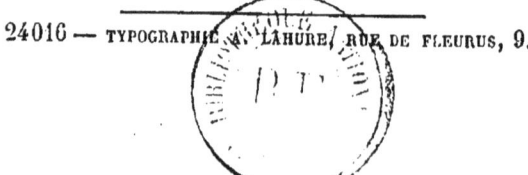

## LIBRAIRIE HACHETTE ET C^IE

BOULEVARD SAINT-GERMAIN, 79, A PARIS

LE

# JOURNAL DE LA JEUNESSE

NOUVEAU RECUEIL HEBDOMADAIRE

**TRÈS RICHEMENT ILLUSTRÉ**

Les six premières années (1873-1878) formant
douze beaux volumes grand in-8º et contenant plus de
3500 gravures sont en vente

Ce nouveau recueil hebdomadaire est une des lectures les plus
attrayantes que l'on puisse mettre entre les mains de la jeunesse.
Il contient des nouvelles, des contes, des biographies, des récits
d'aventure et de voyages, des causeries sur l'histoire naturelle,
la géographie, l'histoire sainte, les arts et l'industrie, etc., par

M^mes COLOMB, EMMA D'ERWIN, ZÉNAÏDE FLEURIOT, JULIE GOURAUD,
MARIE MARÉCHAL, DE WITT NÉE GUIZOT

MM. A. ASSOLANT, DE LA BLANCHÈRE, LÉON CAHUN,
RICHARD CORTAMBERT, LOUIS ÉNAULT, J. GIRARDIN, AMÉDÉE GUILLEMIN,
CH. JOLLIET, TH. LALLY, ÉTIENNE LEROUX, J. LEVOISIN,
ERNEST MENAULT, EUGÈNE MULLER, LOUIS ROUSSELET, G. TISSANDIER,
P. VINCENT, ETC.

ET EST

**ILLUSTRÉ DE 3500 GRAVURES SUR BOIS**

D'APRÈS LES DESSINS DE

É. BAYARD, PH. BENOIST, BERTALL, BONNAFOUS, BOUTET DE MONVEL,
CASTELLI, CATENACCI, GRAFTY, HUBERT CLERGET,
FAGUET, FÉRAT, FERDINANDUS, E. GILBERT, GODEFROY DURAND,
KAUFFMANN, KOERNER, LIX, A. MARIE, MESNEL, MOYNET,
A. DE NEUVILLE, JULES NOEL, P. PHILIPOTTEAUX, RÉGAMEY, RIOUX,
SAHIB, SORRIEU, TAYLOR, THÉROND, VALNAY.

## CONDITIONS DE VENTE ET D'ABONNEMENT

LE JOURNAL DE LA JEUNESSE paraît le samedi de chaque semaine. Le prix du numéro, comprenant 16 pages grand in-8º, est de 40 centimes.

Les 52 numéros publiés dans une année forment deux volumes.

Prix de chaque volume : broché, 10 fr. ; cartonné en percaline rouge, tranches dorées, 13 fr.

### PRIX DE L'ABONNEMENT
## POUR PARIS ET LES DÉPARTEMENTS

Un an (2 volumes)............ 20 FRANCS
Six mois (1 volume).......... 10 —

Prix de l'abonnement pour les pays étrangers qui font partie de l'Union générale des postes : Un an, 22 fr. ; six mois, 11 fr.

*Les abonnements se prennent à partir du 1ᵉʳ décembre et du 1ᵉʳ juin de chaque année.*

# BIBLIOTHÈQUE ROSE ILLUSTRÉE

### Format in-18 jésus, à 2 fr. 25 le volume

La reliure en percaline rouge se paye en sus : tranches jaspées, 1 fr. tranches dorées, 1 fr. 25.

## 1re SÉRIE. — POUR LES ENFANTS DE 4 A 8 ANS

**Anonyme** : *Chien et chat* ; 3e édit. 1 vol. traduit de l'anglais par Mme A. Dibarrart, avec 45 vignettes par E. Bayard.
— *Douze histoires pour les enfants de quatre à huit ans*, par une mère de famille ; 4e édit. 1 vol. avec 18 vignettes par Bertall.
— *Les enfants d'aujourd'hui*, par la même ; 3e édit. 1 vol. avec 40 vignettes par Bertall.

**Carraud** (Mme) : *Historiettes véritables* ; 4e édit. 1 vol. avec 94 vignettes par Fath.

**Fath** (G.) : *La sagesse des enfants*, proverbes, avec 100 vignettes par l'auteur. 1 vol.

**Laroque** (Mme) : *Grands et petits* ; 2e édit. 1 vol. avec 61 vignettes par Bertall.

**Marcel** (Mme) : *Histoire d'un cheval de bois* ; 3e édit. 1 vol. avec 20 vignettes par E. Bayard.

**Pape-Carpantier** (Mme) : *Histoires et leçons de choses pour les enfants* ; 8e édit. 1 vol. avec 85 vignettes.

Ouvrage couronné par l'Académie française.

**Perrault**, Mmes d'Aulnoy et **Leprince de Beaumont** : *Contes de fées*. 1 vol. avec 65 vignettes par Bertall, Forest.

**Porchat** (L.) : *Contes merveilleux* ; 3e édit. 1 vol. avec 21 vignettes par Bertall.

**Schmidt** (le chanoine Ch. von) : 190 *Contes pour les enfants*, traduits de l'allemand par Van Hasselt ; 3e édition. 1 vol. avec 29 vignettes par Bertall.

**Ségur** (Mme la comtesse de) : *Nouveaux contes de fées* ; 5e édit. 1 vol. avec 46 vignettes par Gustave Doré et H. Didier.

## 2e SÉRIE. — POUR LES ENFANTS DE 8 A 14 ANS

**Achard** (Amédée) : *Histoire de mes amis*. 1 vol. avec 20 vignettes par E. Bellecroix, A. Mesnel, etc.

**Andersen** : *Contes choisis*, traduits du danois par Soldi ; 5e édit. 1 vol. avec 40 vignettes par Bertall.

**Anonyme** : *Les fêtes d'enfants, scènes et dialogues* ; 4e édit. 1 vol. avec 41 vignettes par Foulquier.

**Assollant** (A.) : *Les aventures merveilleuses, mais authentiques du capitaine Corcoran* ; 3e édit. 2 vol. avec 50 vignettes par A. de Neuville.

**Barrau** (Th. H.) : *Amour filial* ; 4e édit. 1 vol. avec 41 vignettes par Ferogio.

**Bawr** (Mme de) : *Nouveaux contes* ; 4e édit. 1 vol. avec 40 vignettes par Bertall.

Ouvrage couronné par l'Académie française.

**Belèze** : *Jeux des adolescents* ; 4e édit. 1 vol. avec 140 vignettes.

**Berquin** : *Choix de petits drames et de contes* ; 2e édit. 1 vol. avec 36 vignettes par Foulquier, etc.

**Berthet** (Élie) : *L'enfant des bois* ; 5e édit. 1 vol. avec 61 vignettes.

**Blanchère** (de la) : *Les aventures de La Ramée et de ses trois compagnons* ; 3e édit. 1 vol. avec 36 vignettes par E. Forest.
— *Oncle Tobie le pêcheur* ; 2e édition. 1 vol. avec 80 vignettes.

**Boiteau** (P.) : *Légendes* recueillies ou composées pour les enfants ; 2ᵉ édit. 1 vol. avec 42 vignettes par Bertall.

**Carraud** (Mme) : *La petite Jeanne ou le Devoir* ; 6ᵉ édit. 1 vol. avec 21 vignettes par Forest.
  Ouvrage couronné par l'Académie française.

— *Les métamorphoses d'une goutte d'eau*, suivies des *Aventures d'une fourmi*, des *Guêpes*, etc. ; 4ᵉ édit. 1 vol. avec 50 vign. par E. Bayard.

— *Les goûters de la grand'mère* ; 3ᵉ édit. 1 vol. avec 18 vignettes par Bayard.

**Castillon** (A.) : *Les récréations physiques* ; 3ᵉ édit. 1 vol. avec 36 vignettes par Castelli.

— *Les récréations chimiques*, 3ᵉ édit. 1 vol. avec 34 vignettes par Castelli.

**Chabreul** (Mme de) : *Jeux et exercices des jeunes filles* ; 4ᵉ édit. 1 vol. contenant la musique des rondes et 62 vignettes par Fath.

**Colet** (Mme L.) : *Enfances célèbres* ; 2ᵉ édit. 1 vol. avec 57 vignettes par Foulquier.

**Contes anglais**, traduits par Mme de Witt. 1 vol. avec 43 vignettes par Morin.

**Edgeworth** (Miss) : *Contes de l'adolescence*, traduits par Le François ; 2ᵉ édition. 1 vol. avec 42 vignettes par Morin.

— *Contes de l'enfance*, traduits par le même. 1 vol. avec 27 vignettes par Foulquier.

— *Demain*, suivi de *Mourad le malheureux* ; 2ᵉ édit. 1 vol. avec 29 vign. par Forest et E. Bayard.

**Fénelon** : *Fables*. 1 vol. avec 22 vignettes par Forest et E. Bayard.

**Fleuriot** (Mlle Zénaïde) : *Le petit chef de famille* ; 3ᵉ édition. 1 vol. avec 57 vignettes par Castelli.

— *Plus tard, ou le jeune chef de famille* ; 2ᵉ édit. 1 vol. avec 74 vignettes par Bayard.

— *En congé* ; 3ᵉ édit. 1 vol. avec 61 vignettes par A. Marie.

— *Bigarrette*. 3ᵉ édit. 1 vol. avec 55 vignettes par A. Marie.

— *Un enfant gâté* ; 2ᵉ édition. 1 vol. avec 48 vignettes par Ferdinandus.

**Foë** (de) : *La vie et les aventures de Robinson Crusoé*, traduites de l'anglais, édition abrégée. 1 vol. avec 40 vignettes.

**Genlis** (Mme de) : *Contes moraux*. 1 vol. avec 40 vignettes par Foulquier, etc.

**Gouraud** (Mlle Julie) : *Les enfants de la ferme* ; 3ᵉ édit. 1 vol. avec 50 vignettes par E. Bayard.

— *Le Livre de maman* ; 2ᵉ édit. 1 vol. avec 68 vignettes par E. Bayard.

— *Cécile ou la petite sœur* ; 3ᵉ édit. 1 vol. avec 23 vignettes par Desandré.

— *Lettres de deux poupées* ; 4ᵉ édit. 1 vol. avec 59 vignettes par Olivier.

— *Le petit colporteur* ; 4ᵉ édit. 1 vol. avec 27 vignettes par A. de Neuville.

— *Les mémoires d'un petit garçon* ; 5ᵉ édit. 1 vol. avec 86 vignettes par E. Bayard.

— *Les mémoires d'un caniche* ; 4ᵉ édit. 1 vol. avec 75 vignettes par E. Bayard.

— *L'enfant du guide* ; 3ᵉ édit. 1 vol. avec 60 vignettes par F. Bayard.

— *Petite et grande* ; 2ᵉ éd. 1 vol. avec 48 vignettes par E. Bayard.

— *Les quatre pièces d'or* ; 3ᵉ édit. 1 vol. avec 51 vignettes par E. Bayard.

— *Les deux enfants de Saint-Domingue* ; 2ᵉ édit. 1 vol. avec 54 vign. par E. Bayard.

— *La petite maîtresse de maison*. 2ᵉ éd. 1 vol. avec 37 vignettes par A. Marie.

— *Les filles du professeur* ; 2ᵉ édition. 1 vol. avec 36 vign. par Kauffmann.

— *La famille Harel* ; 2ᵉ éd. 1 vol. avec 48 vign. par Valnay et Ferdinandus.

**Grimm** (les frères) : *Contes choisis*, traduits de l'allemand par Fr. Baudry. 1 vol. avec 40 vignettes par Bertall.

**Hauff** : *La caravane*, traduit de l'allemand, par A. Talon ; 3ᵉ édit. 1 vol. avec 40 vignettes par Bertall.

— *L'auberge du Spessart*, traduit par le même ; 3ᵉ édit. 1 vol. avec 61 vignettes par Bertall.

**Hawthorne** : *Le livre des merveilles*, traduit de l'anglais par L. Rabillon.
  1ʳᵉ série, avec 20 vign. par Bertall. 1 vol.
  2ᵉ série, avec 20 vign. par Bertall. 1 vol.
  Chaque série se vend séparément.

**Hébel et Karl Simrock :** *Contes allemands*, imités de Hébel et de Karl Simrock, par N. Martin; 3e édit. 1 vol. avec 25 vign. par Bertall.

**Johnson** (R. B.) : *Dans l'extrême Far West*. Aventures d'un émigrant dans la Colombie anglaise, traduites de l'anglais par A. Talandier; 2e édit. 1 vol. avec 20 vignettes par A. Marie.

**Marcel** (Mme Jeanne) : *L'école buissonnière*; 2e édit. 1 vol. avec 28 vignettes par A. Marie.
— *Le bon frère*; 2e édit. 1 vol. avec 21 vignettes par E. Bayard.
— *Les petits vagabonds*; 2e édit. 1 vol. avec 25 vignettes par E. Bayard.
— *Histoire d'une grand'mère et de son petit-fils*. 1 vol. avec 36 vignettes par Delort.

**Maréchal** (Mlle). *La dette de Ben-Aïssa*; 2e édition. 1 vol. avec 20 vign. par Bertall.
— *Nos petits camarades*, récits familiers; 2e édit. 1 vol. avec 18 vign. par Bayard et H. Castelli.
— *La maison modèle*. 1 vol. avec 42 vignettes par Sahib.

**Marmier :** *L'arbre de Noël*; 2e édit. 1 vol. avec 60 vignettes par Bertall.

**Martignat** (Mlle de) : *Les vacances d'Elisabeth*. 1 vol. avec 46 vign. par Kauffmann.

**Mayne-Reid** (le capitaine). Ouvrages traduits de l'anglais :
— *Les chasseurs de girafes*, traduit par H. Vattemare; 3e édit. 1 vol. avec 10 vignettes par A. de Neuville.
— *A fond de cale*, traduit par Mme H. Loreau; 3e édit. 1 vol. avec 12 grandes vignettes.
— *A la mer!* traduit par Mme H. Loreau; 5e édit. 1 vol. avec 12 vignettes.
— *Bruin, ou les chasseurs d'ours*, traduit par A. Letellier. 1 vol. avec 8 grandes vignettes.
— *Le chasseur de plantes*, traduit par Mme H. Loreau. 1 vol. avec 12 vignettes.
— *Les exilés dans la forêt*, traduit par Mme H. Loreau; 4e édit. 1 vol. avec 12 grandes vignettes.
— *Les grimpeurs de rochers*, traduit par Mme H. Loreau. 1 vol. avec 20 vignettes.

— *Les peuples étranges*, traduit par Mme H. Loreau. 1 vol. avec 8 vign.
— *Les vacances des jeunes Boërs*, traduit par Mme H. Lorau. 1 vol. avec 12 vignettes.
— *Les veillées de chasse*, traduit par H. B. Révoil. 1 vol. avec 43 vignettes par Freemann.
— *L'habitation du désert*, ou Aventures d'une famille perdue dans les solitudes de l'Amérique. Traduit par Le François. 1 vol. avec 24 vignettes par G. Doré.

**Muller** (Eugène). *Robinsonette*; 3e éd. 1 vol. avec 22 vignettes par Lix.

**Peyronny** (Mme de), née d'Isle: *Deux cœurs dévoués*; 3e édit. 1 vol. avec 53 vignettes par J. Devaux.
Les deux premières éditions ont paru sous le titre de : *Histoire de deux âmes*.

**Pitray** (Mme la vicomtesse de) : *Les enfants des Tuileries*; 3e édit. 1 vol. avec 57 vignettes par Bayard.
— *Les débuts du gros Philéas*; 2e édit. 1 vol. avec 17 vignettes par Castelli.
— *Le château de la Pétaudière*; 2e édit. 1 vol. avec 78 vign. par A. Marie.

**Rendu** (V.) : *Mœurs pittoresques des insectes*. 1 vol. avec 49 vignettes.
Ouvrage couronné par la Société pour l'instruction élémentaire.

**Sandras** (Mme) : *Mémoires d'un lapin blanc*; 3e édit. 1 vol. avec 20 vignettes par E. Bayard.
Ouvrage couronné par la Société pour l'instruction élémentaire.

**Sannois** (Mme la comtesse de) : *Les soirées à la maison*; 2e édit. 1 vol. avec 42 vignettes par E. Bayard.

**Ségur** (Mme la comtesse de) : *Après la pluie le beau temps*; 2e édit. 1 vol. avec 128 vignettes par E. Bayard.
— *Le mauvais génie*; 3e édit. 1 vol. avec 90 vignettes par E. Bayard.
— *Comédies et proverbes*; 6e édit. 1 vol. avec 60 vignettes par E. Bayard.
— *Diloy le chemineau*; 4e édit. 1 vol. avec 90 vignettes par H. Castelli.
— *François le bossu*; 5e édit. 1 vol. avec 114 vignettes par E. Bayard.
— *Jean qui grogne et Jean qui rit*; 6e édit. 1 vol. avec 70 vignettes par Castelli.

— *La fortune de Gaspard;* 5e édit. 1 vol. avec 32 vignettes par Gerlier.
— *La sœur de Gribouille;* 6e édit. 1 vol. avec 72 vignettes par Castelli.
— *L'auberge de l'ange gardien;* 10e édition. 1 vol. avec 75 vignettes par Foulquier.
— *Le général Dourakine;* 9e édit. 1 vol. avec 100 vign. par E. Bayard.
— *Les bons enfants* 7e édit. 1 vol. avec 70 vignettes par Ferogio.
— *Les deux nigauds;* 8e édit. 1 vol. avec 76 vignettes par Castelli.
— *Les malheurs de Sophie;* 11e édit. 1 vol. avec 48 vignettes par Castelli.
— *Les petites filles modèles;* 8e édit. 1 vol. avec 21 grandes vignettes par Bertall.
— *Les vacances;* 6e édit. 1 vol. avec 36 vignettes par Bertall.
— *Mémoires d'un âne;* 9e édit. 1 vol. avec 75 vignettes par Castelli.
— *Pauvre Blaise;* 3e édit. 1 vol. avec 65 vignettes par Castelli.
— *Quel amour d'enfant!* 5e édit. 1 vol. avec 79 vignettes par E. Bayard.
— *Un bon petit diable;* 7e édit. 1 vol. avec 100 vignettes par Castelli.

**Stolz** (Mme de) : *La maison roulante;* 4e édit. 1 vol. avec 20 vignettes par E. Bayard.
— *Le trésor de Nanette;* 3e édition. 1 vol. avec 25 vignettes par E. Bayard.

— *Blanche et noire;* 3e édit. 1 vol. avec 54 vignettes par E. Bayard.
— *Par-dessus la haie;* 3e édit. 1 vol. avec 36 vignettes par A. Marie.
— *Les poches de mon oncle;* 2e édit. 1 vol. avec 20 vignettes par Bertall.
— *Les vacances d'un grand-père;* 2e éd. 1 vol. avec 40 vign. par G. Delafosse.
— *Quatorze jours de bonheur;* 2e édit. 1 vol. avec 45 vignettes par Bertall.
— *Le vieux de la forêt;* 2e édit. 1 vol. avec 40 vignettes.
— *Le secret de Laurent.* 1 vol. avec 32 vignettes par Sahib.

**Switt** : *Voyages de Gulliver à Lilliput, à Brobdingnay et au pays des Hamyhnhums;* traduits de l'anglais et abrégés à l'usage des enfants. 1 vol. avec 75 vignettes par G. Delafosse.

**Taulier** (Jules) : *Les deux petits Robinsons de la Grande-Chartreuse;* 4e édit. 1 vol. avec 69 vignettes par E. Bayard et Hubert Clerget.

**Tournier** : *Les premiers chants;* poésies à l'usage de la jeunesse. 1 vol. avec 20 vignettes par Gustave Roux.

**Vimont** (Ch) : *Histoire d'un navire;* 6e édit. 1 vol. avec 40 vignettes par Alex. Vimont.

**Witt**, née Guizot (Mme de) : *Enfants et parents;* 2e édit. un vol. avec 34 vignettes par A. de Neuville.
— *La petite fille aux grand'mères;* 2e édition. 1 vol. avec 36 vign. par Beau.
— *En quarantaine,* jeux et récits. 1 vol. avec 48 vignettes par Ferdinandus.

## 3e SÉRIE. — POUR LES ADOLESCENTS

### ET POUVANT FORMER UNE BIBLIOTHÈQUE POUR LES JEUNES FILLES DE 14 A 18 ANS.

### VOYAGES

**Agassiz** (M. et Mme): *Voyage au Brésil;* traduit de l'anglais par Vogell et abrégé par J. Belin de Launay. 1 vol. avec 10 gravures et une carte.

**Aunet** (Mme L. d') : *Voyage d'une femme au Spitzberg;* 4e édit. 1 vol. avec 34 gravures.

**Baines** (Th.) : *Voyage dans le sud-ouest de l'Afrique,* traduits et abrégés par J. Belin de Launay; 2e édit. 1 vol. avec 1 carte et 22 gravures.

**Baker** : *Le lac Albert,* nouveau voyage aux sources du Nil, abrégé sur la traduction de Gustave Masson par J. Belin de Launay; 2e édition. 1 vol. avec 16 gravures et 1 carte.

**Baldwin** : *Du Natal au Zambèze,* 1851-1866. Récits de chasse. Traduits par Mme Henriette Loreau et abrégés par J. Belin de Launay ; 2ᵉ édit. 1 vol. avec 24 gravures et 1 carte.

**Burton** (Le capitaine) : *Voyages à La Mecque, aux grands lacs d'Afrique et chez les Mormons*, abrégés par J. Belin de Launay ; 2ᵉ édit. 1 vol. avec 12 gravures et 3 cartes.

**Catlin** : *La vie chez les Indiens*, traduit de l'anglais ; 4ᵉ édit. 1 vol. avec 25 gravures.

**Fonvielle** (W. de) : *Le glaçon du Polaris*, aventures du capitaine Tyson racontées d'après les publications américaines ; 2ᵉ édition. 1 vol. avec 19 gravures et 1 carte.

**Hayes** (Dr) : *La mer libre du pôle*. Traduction de M. F. de Lanoye. 1 vol. avec 14 gravures et 1 carte.

**Hervé et de Lanoye** : *Voyage dans les glaces du pôle arctique ;* 4ᵉ édit. 1 vol. avec 40 gravures.

**Lanoye** (Ferd. de) : *Le Nil et ses sources ;* 3ᵉ édit. 1 vol. avec 32 gravures et cartes.

— *Ramsès-le-Grand, ou l'Égypte il y a trois mille trois cents ans ;* 2ᵉ édition. 1 vol. avec 39 vignettes par Lancelot, Bayard, etc.

— *La Sibérie ;* 2ᵉ édition. 1 vol. avec 48 vignettes par Lebreton, etc.

— *Les grandes scènes de la nature ;* 3ᵉ édit. 1 vol. avec 40 gravures.

— *La mer polaire*, voyage de l'*Erèbe* et de la *Terreur*, et expédition à la recherche de Franklin ; 3ᵉ édit. 1 vol. avec 29 gravures et des cartes.

**Livingstone** : *Explorations dans l'Afrique australe*, abrégées par J. Belin de Launay. 1 vol. avec 20 gravures et 1 carte.

— *Dernier journal*, abrégé par J. Belin de Launay. 1 vol. avec 36 gravures et 1 carte.

**Mage** (L.) : *Voyage dans le Soudan occidental*, abrégé par J. Belin de Launay. 2ᵉ édit. 1 vol. avec 16 gravures et 1 carte.

**Milton et Cheadle** : *Voyage de l'Atlantique au Pacifique*, traduit et abrégé par J. Belin de Launay. 1 vol. avec 16 gravures et 2 cartes.

**Mouhot** (Ch.) : *Voyages dans les royaumes de Siam, de Cambodge et de Laos*, relation extraite du Journal de l'auteur, par F. de Lanoye. 1 vol. avec 28 gravures et 1 carte.

**Palgrave** (W.G.) : *Une année dans l'Arabie centrale*, traduction abrégée par J. Belin de Launay. 1 vol. avec 12 gravures et une carte.

**Perron d'Arc** : *Aventures d'un voyageur en Australie ; neuf mois de séjour chez les Nagarnooks ;* 2ᵉ édit. 1 vol. avec 24 vignettes par Lix.

**Pfeiffer** (Mme Ida) : *Voyages autour du monde* abrégés par J. Belin de Launay ; 2 édit. 1 vol. avec 17 gravures et 1 carte.

**Piotrowski** : *Souvenirs d'un Sibérien ;* 2 édit. 1 vol. avec 10 gravures.
<small>Ouvrage couronné par la Société pour l'instruction élémentaire.</small>

**Schweinfurth** (Dr) : *Au cœur de l'Afrique* (1866-1871). Traduction de Mme H. Loreau ; abrégée par J. Belin de Launay. 1 vol. avec 16 gravures et 1 carte.

**Speke** : *Les sources du Nil*, édition abrégée par J. Belin de Launay des Voyages de Speke et de Grant ; 3ᵉ éd. 1 vol. avec 24 gravures et 3 cartes.

**Stanley** : *Comment j'ai retrouvé Livingstone*. Traduction de Mme Loreau, abrégée par J. Belin de Launay. 1 vol. avec 16 gravures et 1 carte.

**Vambéry** (A.) : *Voyages d'un faux derviche dans l'Asie centrale*, traduits de l'anglais par E. D. Forgues et abrégés par J. Belin de Launay ; 2 édit. 1 vol. avec 18 gravures et 1 carte.

## HISTOIRE

**Le loyal serviteur** : *Histoire du gentil seigneur de Bayard*, revue et abrégée, à l'usage de la jeunesse, par Alph. Feillet ; 2ᵉ édit. 1 vol. avec 36 vignettes par P. Sellier.

**Monnier** (Marc) : *Pompéï et les Pompéïens ;* 3ᵉ édit. à l'usage de la jeunesse. 1 vol. avec 22 vignettes par Thérond.

**Plutarque** : *Vies des Grecs illustres,* édition abrégée par Alph. Feillet sur la traduction de M. E. Talbot ; 2ᵉ édit. 1 vol. avec 53 vignettes par P. Sellier.

— *Vies des Romains illustres,* édition abrégée par A. Feillet sur la traduction de M. Talbot. 1 vol. avec 69 vignettes par P. Sellier.

**Retz** (cardinal de) : *Mémoires,* abrégés par Alph. Feillet. 1 vol. avec 35 vign. par Gilbert, etc.

## LITTÉRATURE

**Bernardin de Saint-Pierre** : *Œuvres choisies.* 1 vol. avec 12 vignettes par E. Bayard.

**Cervantès** : *Histoire de l'admirable don Quichotte de la Manche ;* édition à l'usage de la jeunesse. 1 vol. avec 64 vignettes par Bertall et Forest.

**Homère** : *L'Iliade et l'Odyssée,* traduites par P. Giguet et abrégées par Alph. Feillet. 1 vol. avec 33 vignettes par Olivier.

**Le Sage** : *Aventures de Gil Blas,* édition à l'usage de l'adolescence. 1 vol. avec 50 vignettes par Leroux.

**Mac-Intosch** (Miss) : *Contes américains,* traduits par Mme Dionis. 2 vol. avec 120 vignettes par E. Bayard.

**Maistre** (Xavier de) : *Œuvres choisies.* 1 vol. avec 15 vignettes par E. Bayard.

**Molière** : *Œuvres choisies,* abrégées à l'usage de la jeunesse. 2 vol. avec 22 vignettes par Hilemacher.

**Virgile** : *Œuvres choisies,* traduites et abrégées à l'usage de la jeunesse, par Th. Barrau et Alph. Feillet. 1 vol. avec 20 vignettes par P. Sellier.

---

Paris. — Impr. E. Capiomont et V. Renault, rue des Poitevins, 6.